化学元素排排坐

[英] 利昂·格雷 ◎ 著

刘 娴 ◎ 译

上海科学技术文献出版社
Shanghai Scientific and Technological Literature Press

图书在版编目（CIP）数据

化学在行动．化学元素排排坐 /（英）利昂·格雷著；刘娴译．—上海：上海科学技术文献出版社，2025.
—ISBN 978-7-5439-9158-3

Ⅰ．O6-49

中国国家版本馆 CIP 数据核字第 2024PT5109 号

A Brown Bear Book

Devised and produced by Brown Bear Books Ltd, Unit G14, Regent House, 1 Thane Villas, London, N7 7PH, United Kingdom

Chinese Simplified Character rights arranged through Media Solutions Ltd Tokyo Japan email: info@mediasolutions.jp, jointly with the Co-Agent of Gending Rights Agency (http://gending.online/).

图字：09-2022-1060

责任编辑：姜　曼
助理编辑：仲书怡
封面设计：留白文化

化学在行动．化学元素排排坐
HUAXUE ZAI XINGDONG. HUAXUE YUANSU PAIPAIZUO
[英]利昂·格雷　著　刘　娴　译
出版发行：上海科学技术文献出版社
地　　址：上海市淮海中路 1329 号 4 楼
邮政编码：200031
经　　销：全国新华书店
印　　刷：商务印书馆上海印刷有限公司
开　　本：889mm×1194mm　1/16
印　　张：4.25
版　　次：2025 年 1 月第 1 版　2025 年 1 月第 1 次印刷
书　　号：ISBN 978-7-5439-9158-3
定　　价：35.00 元
http://www.sstlp.com

目录

原子和元素 2

确认元素 8

现代元素周期表 16

阅读元素周期表 22

金属 32

非金属 42

准金属 52

宇宙特殊元素 58

元素周期表 64

1 原子和元素

原子是元素周期表如何排序的关键。每一个原子的结构决定了它的特性及其在元素周期表中的位置。

元素周期表几乎装点了每一本化学教科书。这张简明的图表是每一位化学家的“词典”。借助可测的数值，比如原子序数和原子量，它所定义的元素组成了宇宙万物。它的排列方式则强调了不同元素之间的相似性。

元素源自星系。星星燃烧产生了新的元素。当一颗星爆炸形成超新星时，这些新元素扩散到宇宙空间中。超新星的红色外环表明存在氧元素和氖元素。

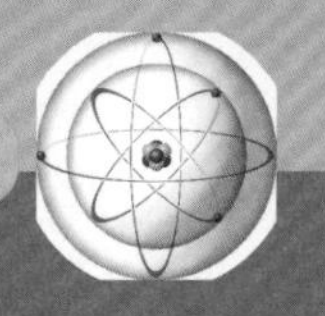

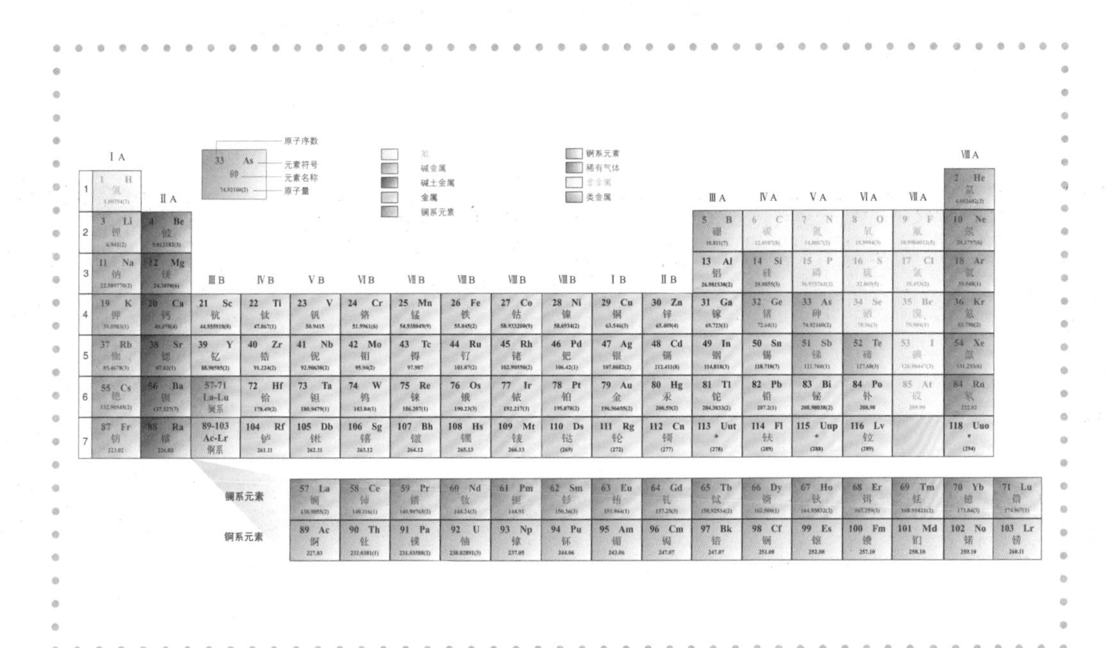

◀ 元素周期表将所有已知的元素按照原子序数来排列。表中将元素横列分为七个周期，纵列分为十八个分族。同族元素具有相似的化学和物理属性。

物质的组成

组成物质的“积木”被称为原子。科学家只能通过高倍显微镜才能看见这些微小的粒子。几乎所有的原子都包含更微小的粒子，它们是质子、中子和电子。在原子中心密集的核中可以发现质子和中子。而电子环绕着原子核形成电子壳层。

一种化学元素由原子核中含有相同质子数的原子构成。质子的数量决定了某种元素的原子序数。例如，氢原子（化学符号H）的原子核中只有1个质子。铀原子（化学符号U）的原子核有92个质子。因此，氧原子的原子序数是1，而铀原子的原子序数是92。

关键词

- **原子序数：**元素在周期表中排列的序号。等于原子的核电荷数，即核内质子数。
- **化学符号：**书写化学元素的简单表达式。
- **元素：**具有相同核电荷数（质子数）的同一类原子的总称。

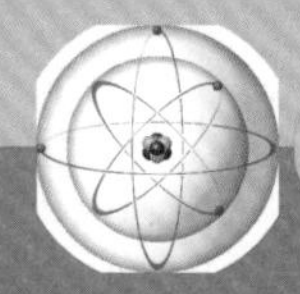

▲ 日本京都的金阁寺于1955年重建，该寺始建于1397年，外墙覆盖金箔。金是人们较早了解的元素之一。很多人试图通过实验将其他物质转化为价值不菲的金。

电子的排列

每个质子带一个正电荷。中子没有电荷。每个电子带一个负电荷。原子是电中性的，因为电子和质子的数量是一样的，正负电荷相互抵消了。因此，一个氢原子总是带一个电子，而一个铀原子则有92个电子。

电子一层层环绕着原子核转动，称为电子壳层，类似行星围绕太阳旋转。因此，这种描述原子的方式即行星式模型。

电子壳层是一系列的能量层，同一层的电子有相似的能量。每一个原子最多有7个电子壳层。每个电子壳层的电子数目有限定的数量，第一层最多可容纳2个电子，第二层最多可容纳8个电子，第三层最多可容纳18个电子。

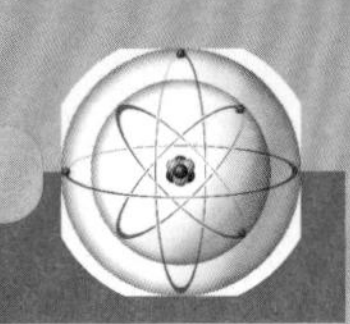

形成离子

原子可以得到或失去电子，形成离子。增加或者减少电子不会让一个原子转变为另一种元素的原子。离子仅仅是原子的带电荷形态。一个氢原子可能失去电子形成氢离子。氢离子写作H^+。加号表示氢离子带有正电荷。由于负电子从原子中移除了，因此氢离子带有正电荷。这就使得原子中只有一个带正电荷的质子，电荷为+1。

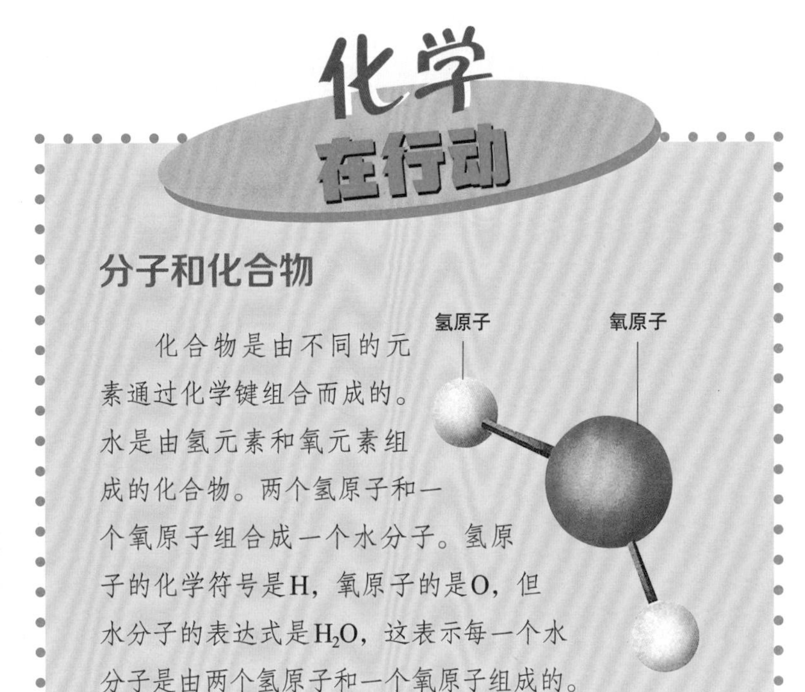

分子和化合物

化合物是由不同的元素通过化学键组合而成的。水是由氢元素和氧元素组成的化合物。两个氢原子和一个氧原子组合成一个水分子。氢原子的化学符号是H，氧原子的是O，但水分子的表达式是H_2O，这表示每一个水分子是由两个氢原子和一个氧原子组成的。

质子

电子

中子

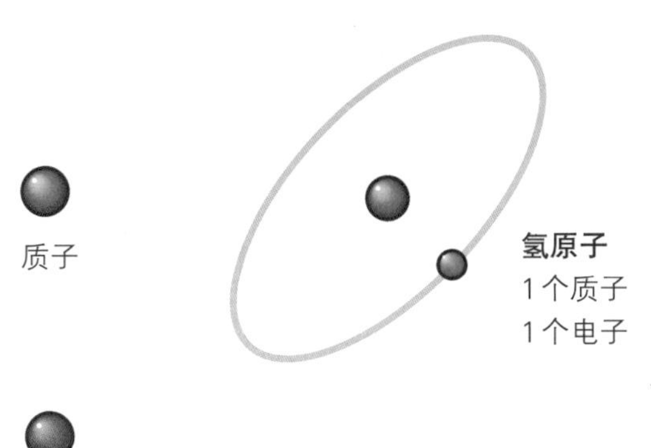

氢原子
1个质子
1个电子

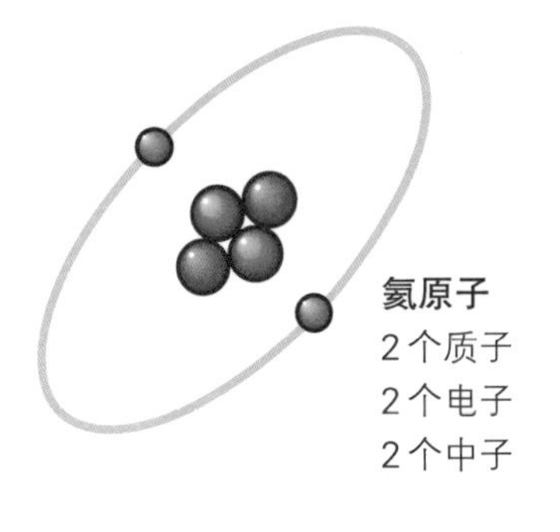

氦原子
2个质子
2个电子
2个中子

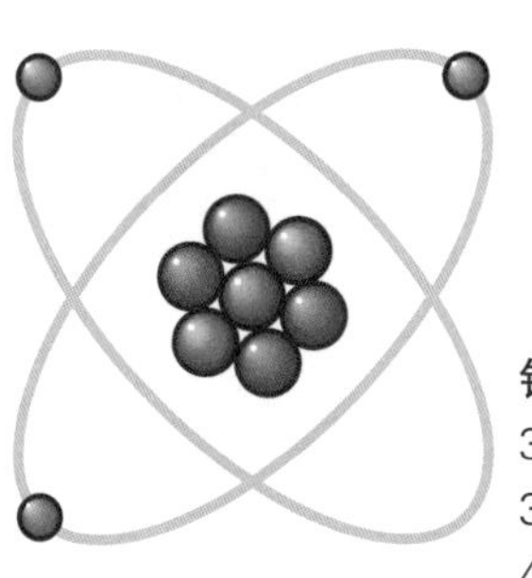

锂原子
3个质子
3个电子
4个中子

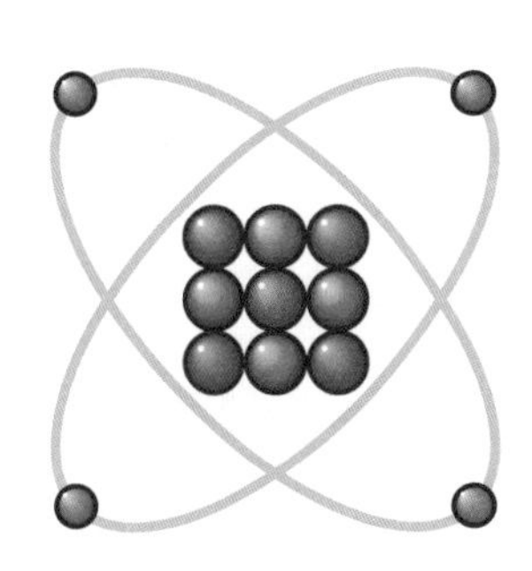

铍原子
4个质子
4个电子
5个中子

◀ 原子是由质子、电子和中子组成的。原子总是有相同数量的质子和电子，但有时候原子核中会有额外的中子。元素周期表中前四个元素分别是氢、氦、锂、铍。

近距离观察

电子壳层和原子轨道

原子的行星式模型来自19世纪晚期至20世纪早期科学家探索的研究成果。然而，人们很快就发现原子远比这要复杂。1926年，奥地利物理学家埃尔温·薛定谔（1887—1961）提出了量子力学的定律。在量子力学中，电子分布在原子核周围形成电子云。电子云被称为原子轨道。原子轨道和行星式模型中的电子壳层比较近，但它们的形状会随原子大小而变化。然而，描述原子轨道的数学表述相当复杂。

稳定的原子

如果最外层电子数达到饱和，原子处于稳定状态。有一些元素的原子和其他元素的原子共享电子来保持自身稳定。另一些原子把电子转移给其他元素的原子来保持自身稳定。共享和转移电子的结果是在原子之间形成化学键。

同位素

对于每一种元素来说，质子的数量是

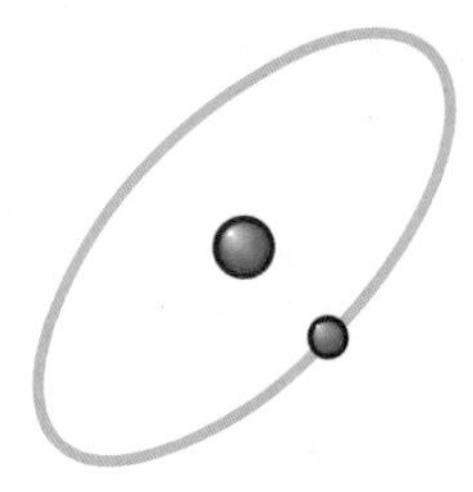

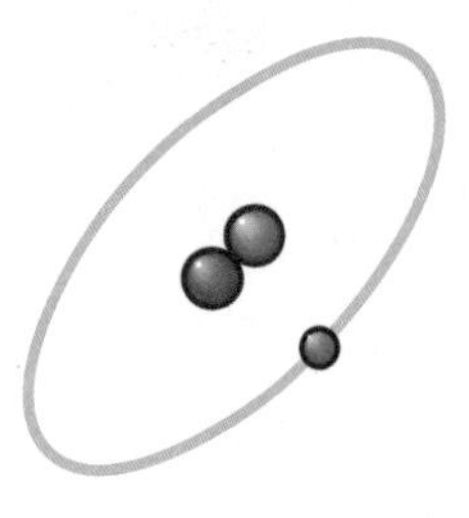

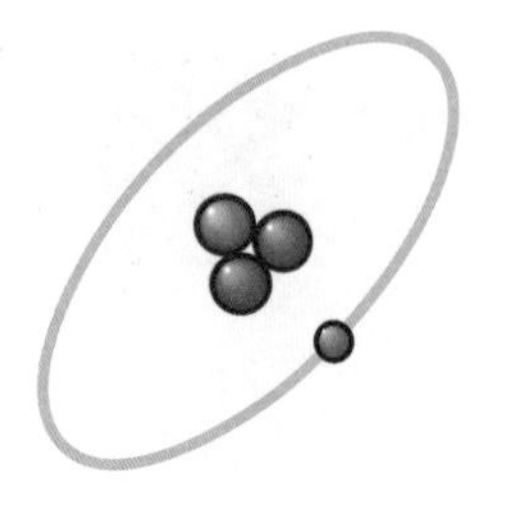

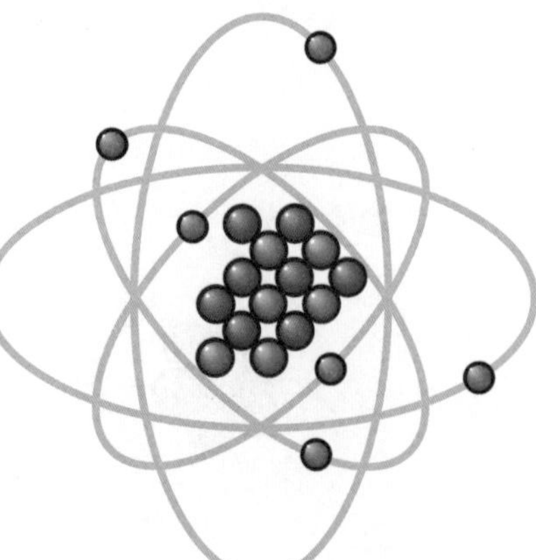

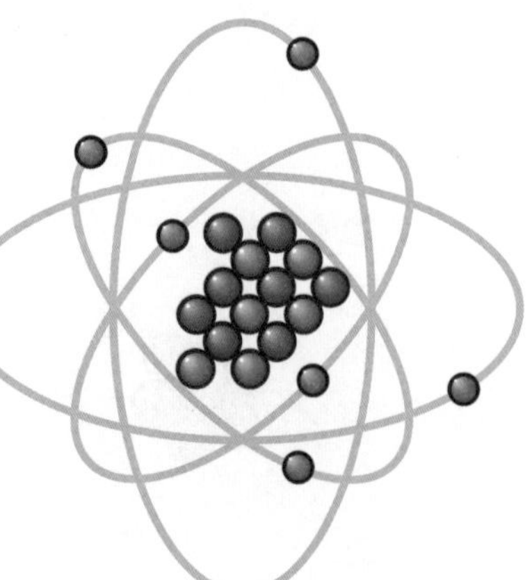

▶ 许多原子都有同位素，即这些原子的原子核中的中子数与通常情况有所不同。氢有两种同位素，称为氘和氚。氘的原子核中有1个中子，氚有2个中子。碳的原子核通常有6个质子和6个中子，但它的同位素中有一种含有8个中子。这种同位素称为碳-14。

关键词

- **原子量**：亦称“相对原子质量”。元素的平均原子质量与核素^{12}C原子质量的1/12之比。
- **化合物**：两种或两种以上元素形成的单一的、具有特定性质的纯净物。
- **离子**：原子或原子团得失电子后形成的带电微粒。
- **同位素**：质子数相同而中子数不同的原子的总称。它们有相同的原子序数，在周期表上位于同一位置，但由于中子数不同，而具有不同的质量数。
- **质量数**：原子核中质子数和中子数的和。
- **分子**：由一个以上原子通过共价健形成的独立存在的电中性实体。分子是保持物质特有化学性质的最小微粒。

相同的，但中子可能有所不同。例如，碳原子（化学符号C）在原子核中始终有6个质子。大多数碳原子的原子核中包含6个中子，但有一些碳原子有7个中子，更有少数包含8个中子。这些质子数相同而中子数不同的原子总称为同位素。原子核中质子数和中子数的和称为质量数。大多数元素是各种同位素的集合体。元素的平均原子质量与核素^{12}C原子质量的1/12之比称为原子量（亦称为“相对原子质量”）。

▶ 方解石是一种由钙元素、氧元素、碳元素组成的化合物。方解石也称碳酸钙，是地球上最常见的矿物之一。

2 确认元素

金、汞、硫等元素几千年前就为人所知，只是人们并不知道它们是所谓的元素。如今科学家已识别了118种元素，可能还有一些有待被发现。

2000多年前，古希腊学者用原子和元素来表述构成物质世界的基本积木。古希腊哲学家泰利斯认为水是万物本原。赫拉克利特则认为火是最基本的物质。之后，恩培多克勒提出，一切物质是由四种不同的元素组成的，它们是土、水、气和火。

这张图代表了古代世界的四元素：烟花代表火，河代表水，土地代表土，空气代表气。

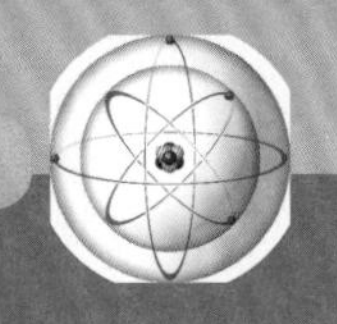

◀ 古希腊哲学家恩培多克勒认为组成万物的仅有四元素：土、气、火和水。

事实上，在古希腊许多元素已经为人所知。金和银是自然界的元素。这些金属在公元前5000年就被人类使用。碳和硫也是在自然界中被发现的元素。

一些金属在人类文明发展史上有至关重要的作用。青铜时代可追溯到公元前4300年左右，人们将铜和锡混合起来做成被称为青铜的合金。那时，青铜用于制造工具和武器。铁最早是在公元前1400年左右被人们使用的，标志着铁器时代的发轫。铁比青铜坚硬，所以铁质的工具和武器要牢固得多。

大约13世纪时，新的元素开始被发现。早期的化学家被称为炼金术士，他们做了大量的实验来寻找哲人石。这种神秘的物质据说可以把基本的金属，比如铅，变成价值不菲的金和银。尽管寻找哲人石的努力徒劳无功，但炼金术士发现了很多重要的化合物和一些新元素，其中有锑和锌，也有砷（尽管很早就为人所知，但第一次作为独立的元素被发现是在1250年）。

▼ 考古学家发现了这把铁器时代的斧头。欧洲铁器时代大约始于公元前800年。在不同地区，铁器时代的开端也不相同，这取决于炼铁技术出现的时间。

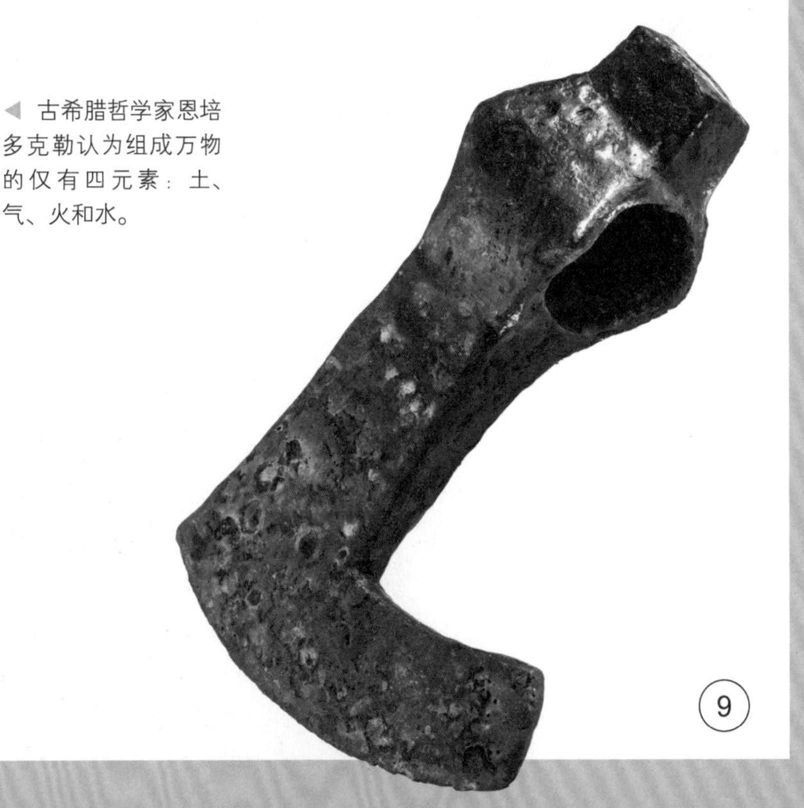

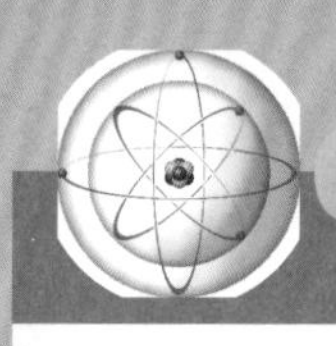

工具和技术

电解

科学家经常使用电解的方法将一种元素从化合物中分离出来。电解需要让电流通过某种化合物。化合物分解成正负离子，向着一对被称为电极的导体移动。电极是一种向化合物输入或输出电流的装置。正离子向负电极（阴极）聚拢，而负离子则聚集在正电极（阳极）。在正负两极，离子或得到或失去电子，重新成为原子。

▲ 一家锡厂的电镀工艺。这种工艺可给钢镀上锡，使钢更耐腐蚀。

德国炼金术士亨宁格·布兰德在1669年发现了另一种新元素。他将自己的尿液收集在一个瓶子里，浓缩成了一种白色的发光固体，他把它命名为磷。几年以后，爱尔兰化学家罗伯特·玻意耳（1627—1691）了解到了布兰德的实验。玻意耳意识到纯粹的元素，比如布兰德发现的磷，才是物质的根本，这种物质不能归到恩培多克勒的“四元素说”中。

▼ 这幅画描绘了亨宁格·布兰德发现磷的情景。玻璃容器的亮光应该是磷发散出来的光，不过，艺术家夸大了它的亮度。

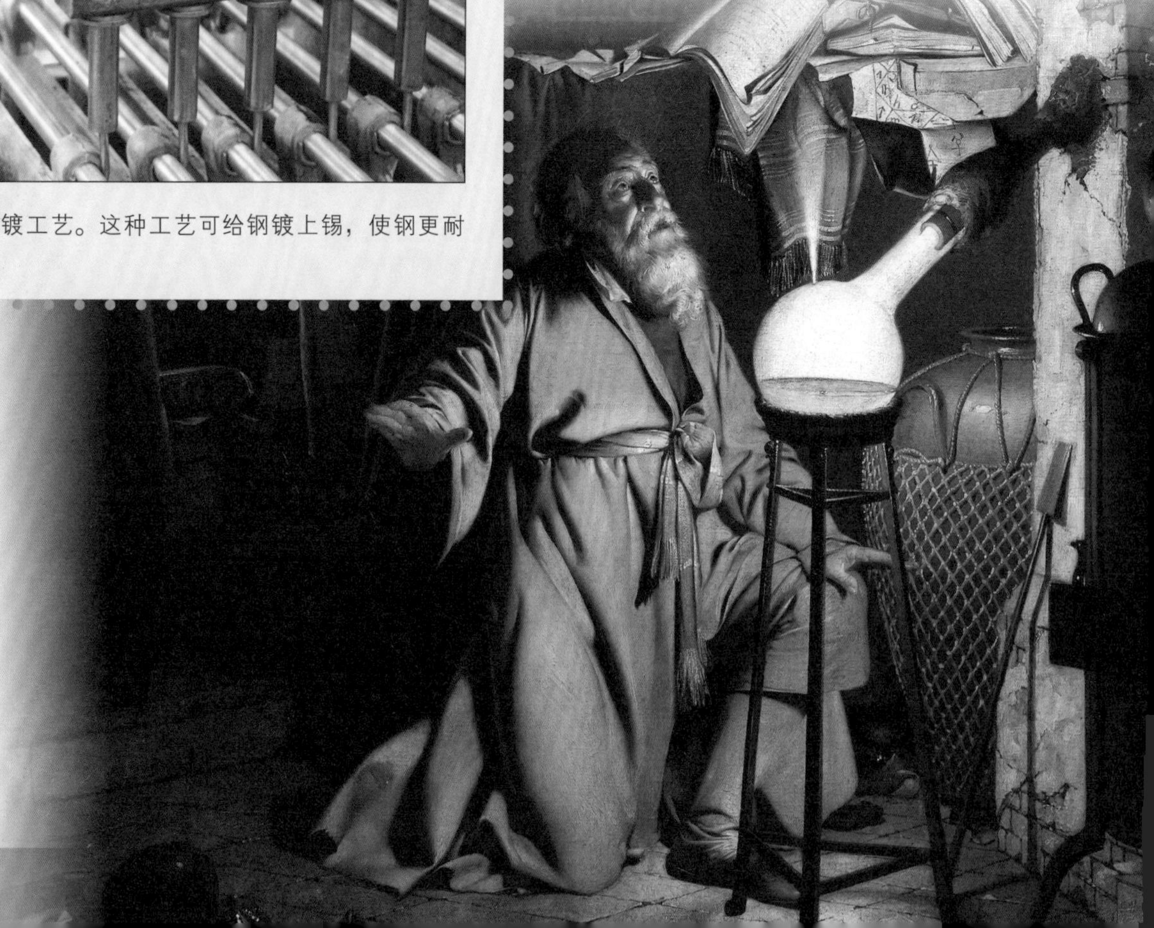

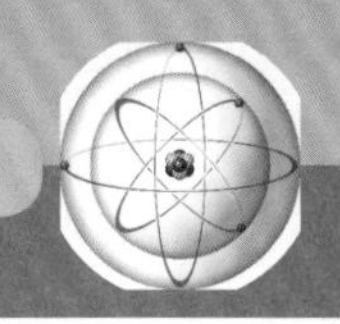

新的发现

18世纪，许多科学家做实验试图将物质分解成更为简单的基本物质。一大批新元素被发现了，比如钴、铬、镍和氮。到18世纪末，科学家们已经确认了33种元素。

19世纪早期，英国化学家汉弗里·戴维（1778—1829）发现了分解物质的新方法。他将化合物通入电流，使它们分解成元素，这个过程被称为电解。通过这种方法，戴维发现了钾、钠、钙和钡。另有一些元素是通过光谱学技术发现的，即对光的特性进行光谱研究。通过光谱学，科学家们发现了铯、氦和氙。

人物简介

汉弗里·戴维

汉弗里·戴维（1778—1829）是他那个时代最有影响力的化学家。他出生于英国康沃尔郡彭赞斯，他职业生涯早期是给一个药剂师当学徒。1779年，他还是实验室助理的时候，戴维就发现了笑气（一氧化二氮）的麻醉作用。1801年，他被皇家研究所聘请，当时他对新的电解技术兴趣浓厚。运用这一方法，他发现了新元素钠、钾、钙、硼、镁、氯、锶和钡。戴维还在观察电解过程中，发现了元素电荷的分离现象，正离子会向阴极移动，而负离子会向阳极移动。这个理论推动了技术进步，使制碱业有了大规模的发展。

戴维在其他领域也有杰出的贡献，尤其是在农业、皮革鞣制、矿业领域。他有两项非常有名的发明，一项是发明了矿用安全灯（可以照明的弧形灯），另一项是通过电解法去除海水中的盐分。

▲ 汉弗里·戴维测试他的矿用安全灯。这项发明诞生以前，矿灯的火焰有引燃矿井中甲烷气体的风险。这种安全灯投入使用大大降低了矿井爆炸的风险。

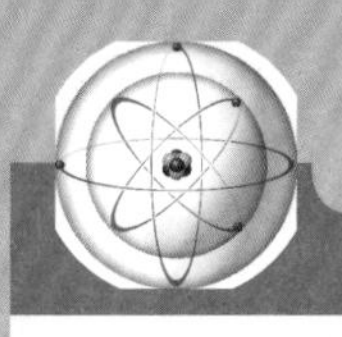

19世纪末，有两大突破。第一个突破是稀有气体的发现。稀有气体拥有饱和的电子壳层且基本不起化学反应，这就是它们长期没有被确认的原因。英国科学家瑞利（1842—1919）和威廉·拉姆赛（1852—1916）在1894年确认了氩。到1898年，拉姆赛又发现三种稀有气体——氪、氖和氙。第二个突破来自波兰科学家居里夫人（1867—1934）和她的法国丈夫皮埃尔·居里的工作。他们对放射性物质的研究使得镭和钋在1898年被发现了，该项研究也帮助其他的科学家在20世纪发现了更多的新元素。

许许多多的科学家在为元素周期表的形成而努力。有些人的贡献记录在现代化学史上，也有些人在历史的尘埃中被人们遗忘了。

法国化学家安托万·洛朗·拉瓦锡（1743—1794）在他的著作《化学基本论述》（1789）中列出了第一份元素清单。清单上列有氢、汞、氧、氮、磷、硫和锌。然而，拉瓦锡也犯了一些错误。比如，他把石灰也放在了元素清单上。现在，化学家已经知道石灰是由钙和氧组成

▼ 这是溴元素的光谱。每一种元素都会产生特定的光谱，这一现象使化学家可以发现样本中含有哪些元素。

工具和技术

光谱学

光谱学是用来确认元素的一种技术手段。它能用来分析光的波长或者其他电磁辐射的形态，比如某种物质发射出的X光、微波或电波等。所有的元素都以特定的波长发出电磁辐射。大多数波长在可见光谱的范围内，这就是我们为什么可以看见不同的颜色。棱镜是最直观的展示，光通过棱镜可以分离出彩虹色。每一种颜色都有它特定的波长，以特定的角度被棱镜折射出来。

简单来说，光谱学就是搜集某种物质穿过棱镜后分离出不同波长的光波，通过测量光波之间形成的不同角度，与已知元素的光谱进行比较。科学家据此可以判断不确定的物质是如何组成的。在天文学中，这项技术非常有用，可以用来探测星和星云包含哪些元素。

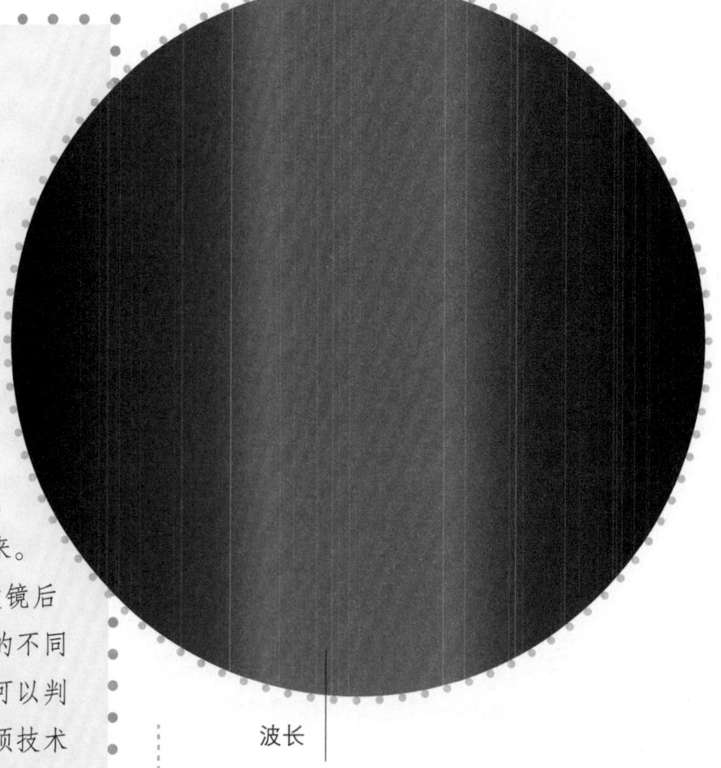

波长

◀ 波长是指光波中两个相同部分（比如两个顶点）之间的距离。

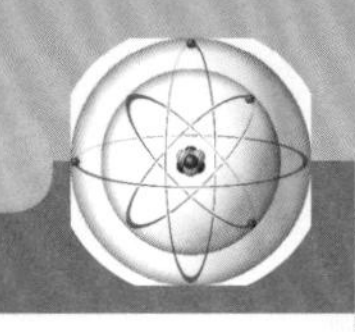

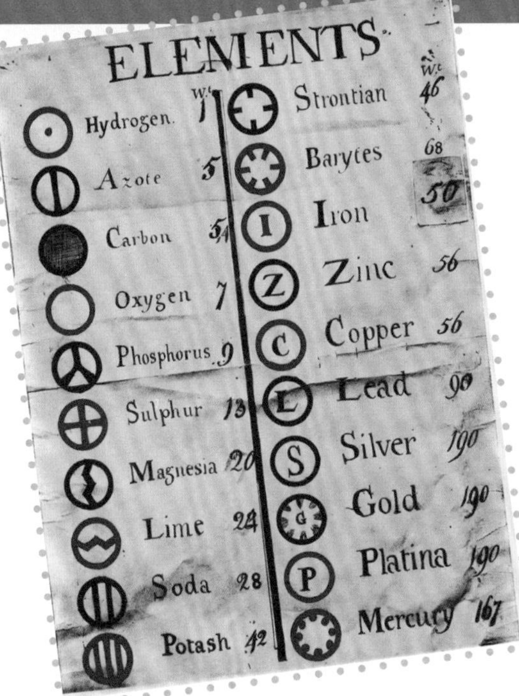

◀ 1808年约翰·道尔顿创制了一份元素清单，列出元素的原子量并给每个元素一个圆圈形符号。

的化合物。

19世纪早期，英国化学家约翰·道尔顿（1766—1844）写了《化学哲学的新体系》。在书中，道尔顿提到微小粒子叫作原子，是物质的组成部分。他提出不同元素的原子有不同的原子量。不同的元素按一定的数量组合在一起形成化合物。

德贝雷纳三元素群组

德国化学家约翰·沃尔夫冈·德贝雷纳（1780—1849）把元素分成三个为一组的三元素群组。每个群组的元素有相似的化学特性。比如，德贝雷纳将三个软性、容易起化学反应的金属——锂、钠、钾分在一组。他也把三种有刺鼻气味且有害的元素——氯、溴、碘分一组。除相同的化学性质外，每一群组中间的元素的原子量是另外两个元素原子量的平均数。1829年，德贝雷纳出版了他的著作《三元素群组定律》。

到1843年，德国化学家利奥波德·格梅林（1788—1853）在德贝雷纳的三元素群组中增加了一些元素。利奥波德·格梅林将氟加进氯、溴、碘组群中，形成四个元素为一组，称为四群组。他发现，氧、硫、硒、碲的化学性质比较类似，于是也把它们分在一组。

▼ 约翰·沃尔夫冈·德贝雷纳根据元素的相似性把它们分成三个一组。有一组包含了氯、溴、碘。

◀ 19世纪，许多化学家试图创制一个精确的元素周期表。1888年，英国科学家威廉·克鲁克斯设计了螺旋形的元素周期表。

新的顺序

1860年，意大利化学家斯坦尼斯劳·坎尼扎罗（1826—1910）发表了一份已知元素的原子量清单。这个清单在德国卡尔斯鲁厄一次科学会议上公开。

很多科学家参加了这次会议，其中有来自法国的地质学教授贝吉耶·德·尚古尔多阿（1820—1886）。运用阿伏伽德罗的理论，贝吉耶·德·尚古尔多阿制成了早期的元素周期表。他根据原子量来给元素排序，并把元素排列成一个圆柱形的螺旋结构。他注意到，利奥波德·格梅林的四元素群组——氧、硫、硒、碲，在螺旋结构中呈垂直竖列。他把这种排序法称为“地（碲）螺旋”，因为碲元素正好落在螺旋的正中。

▼ 19世纪，化学家们发现了一系列他们能够识别并分类的新元素。但是，他们很难找出这些元素之间的关系。

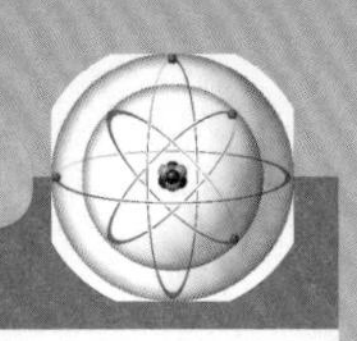

元素八音律

1864年英国化学家约翰·亚历山大·雷纳·纽兰兹（1837—1898）根据原子量递进的顺序，列出了已知元素清单。他发现这一序列的元素前后8个都有相似的化学属性。他称之为元素八音律，因为这种现象和音乐中的音阶类似。纽兰兹于1866年将元素八音律公之于众，但这并没有引起其他化学家的重视。

被忽视的贡献

1864年是化学家们忙于排列各种元素的一年。首先，英国化学家、伦敦化学协会主席威廉·奥德林（1829—1921）发表了一张根据原子量排序的已知元素表。奥德林并没有把所有已知元素都列进去，而是留下了一些空位给一些未知的元素。和纽兰兹一样，奥德林的表格也被人们忽视了。同年，德国化学家尤利乌斯·洛塔尔·迈耶尔（1830—1896）发表了一张含有49种化学元素的表格。在表格中，迈耶尔以化合价来排列元素。化合价是某元素原子构成的化学键数量。最终，迈耶尔还是用原子量顺序修正了他的表格，但是将有近似化合价的元素排在一列。

人物简介

约翰·亚历山大·雷纳·纽兰兹

1837年11月26日，约翰·亚历山大·雷纳·纽兰兹生于英国伦敦。他的父亲是苏格兰牧师，母亲来自意大利的家庭。纽兰兹在家跟着父亲学习，于1856年进入皇家化学学院深造。后来，他成为一名工业化学家。

▲ 除了提出元素八音律，约翰·亚历山大·雷纳·纽兰兹还改进了炼糖工艺。

当纽兰兹提出他的元素八音律之后，他的同行认为这是无稽之谈。最终，当元素周期表被认可时，科学家们才认识到纽兰兹的元素八音律是正确的。最终，纽兰兹于1882年获得了皇家学会戴维奖章。1898年，他因流行性感冒病逝。

关键词

- **电解**：电流通过物质而引起化学变化的过程。
- **四元素说**：古希腊恩培多克勒的朴素唯物主义说。他认为万物的本原四元素为火、水、土、气。

3 现代元素周期表

现代元素周期表是由俄国化学家德米特里·伊万诺维奇·门捷列夫（1834—1907）设计的，尽管新发现的元素被不断加进来，但门捷列夫周期表的基本结构始终如一。

传说门捷列夫是在玩单人纸牌游戏时有了设计元素周期表的灵感。然而，这一说法鲜有历史证据证明。显然，门捷列夫运用在德国卡尔斯鲁厄科学会议上公布的原子量来排列元素。原子量是某一原子的原子核中质子和中子数量的总和。门捷列夫认为，原子量是元素

灯泡通常含有稀有气体氩。稀有气体很难与其他元素发生反应，所以它们是最后一组被发现的元素，也是最后才被加进元素周期表的元素。

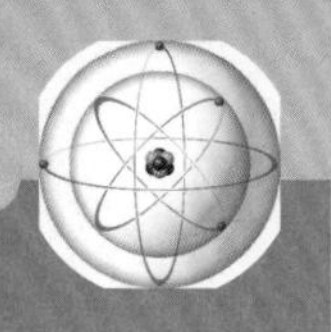

最重要的一种特性，当然，我们知道，元素是根据原子序数来定义的，即原子核中质子的数量。

门捷列夫可能是在撰写一本名为《化学原理》的教材时，形成了对元素周期表的构想。在这本书中，门捷列夫根据元素相似的物理和化学属性将元素进行分组。比如，他将卤素（第17组元素）放在一个族里，而将碱金属安排在另一个族里。

▼ 德米特里·伊万诺维奇·门捷列夫是他那个时代最有影响力的化学家之一。他的元素周期表对化学的发展起到至关重要的作用，帮助科学家们发现了新元素。

人物简介

德米特里·伊万诺维奇·门捷列夫

德米特里·伊万诺维奇·门捷列夫于1834年2月8日出生于西伯利亚托博尔斯克。他年少时就天资不凡，显示出天才科学家的潜质。他的母亲试图给他在大学里找个合适的职位，但他被莫斯科和圣彼得堡的大学拒之门外。最终，他于1855年在辛菲罗波尔找到了一份担任科学老师的工作。一年之后，他回到圣彼得堡，完成了硕士学位。在1859年，他游历欧洲，在实验室工作。1861年回国后，门捷列夫专注于学术研究，最终成为圣彼得堡大学的化学教授。他于1869年发表了第一版元素周期表。晚年，他在圣彼得堡任度量衡局局长。门捷列夫荣获了世界各地大学颁发的许多荣誉。1906年，他遗憾地与诺贝尔化学奖失之交臂。1907年，他在圣彼得堡去世。

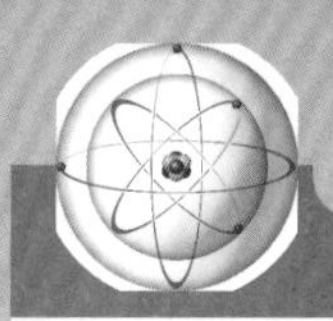

近距离观察

名字问题

英语中关于门捷列夫名字的各种拼写方式并没有对错之分。在俄语中，名字是用西里尔字母拼写的，并没有相应的英语译名。因此，你可能发现门捷列夫的名字有多种不同的拼写方式。

▲ 科学家们认为，海蓝宝石的颜色是由少量的钪元素引起的。在钪被发现之前，门捷列夫已运用元素周期表预测了它的存在。

门捷列夫将相同化合价的元素放在同一组。化合价是测量一个原子与另一个原子组合形成化学键的数量。它是由原子外圈电子壳层中电子的数量决定的。原子之间共享或转移电子，形成化学键。卤素有相似的特性是因为它们外圈电子壳层都有7个电子，都易于接受一个电子与其他元素形成化学键。相比之下，碱金属有相似的物理和化学特性，因为它们的外圈电子壳层中只有一个电子，都易于给出这个电子与其他元素组成化学键。

当门捷列夫试图为相似的元素编组时，一个规律显现出来了。他把已知的60多种元素以原子量递增的顺序排列。门捷列夫发现，有着相同化合价的元素出现在表格的同一竖列中。门捷列夫由此勾勒出了元素周期表的基本结构。他于1869年发表了自己的发现，并于1871年制作了修订版本的表格，把元素分成了8个组。

	Gruppe I.	Gruppe II.	Gruppe III.	Gruppe IV.	Gruppe V.	Gruppe VI.	Gruppe VII.	Gruppe VIII.
Typische Elemente	H 1							
	Li 7	Be 9,4	Bo 11	C 12	N 14	O 16	F 19	
1. Periode Reihe 1	Na 23	Mg 24	Al 27,3	Si 28	P 31	S 32	Cl 35,5	
- 2	Ka 39	Ca 40	—44	Ti 50(?)	V 51	Cr 52	Mn 55	Fe56, Co59, Ni56, Cu [63
2. Periode Reihe 3	(Cu 63)	Zn 65	—68	—72	As 75	Se 78	Br 80	
- 4	Rb 85	Sr 87	(Yt 88) (?)	Zr 90	Nb 94	Mo 96	—100	Ru104, Rh104, Pl106, [Ag108
3. Periode Reihe 5	(Ag 108)	Cd 112	In 113	Sn 118	Sb 122	Te 125	J 127	
- 6	Cs 133	Ba 137	—137	Ce 138 (?)	—	—	—	
4. Periode Reihe 7	—	—	—	—	—	—	—	
- 8	—	—	—	—	Ta 183	W 184	—	Os 199 (?), Jr 198, Pt [197, Au197
5. Periode Reihe 9	(Au 197)	Hg 200	Tl 204	Pb 207	Bi 208	—	—	
- 10	—	—	—	Th 232	—	Ur 240	—	
Höchste salzbild. Oxyde	R^2O	R^2O^2 od. RO	R^2O^3	R^2O^4 o. RO^2	R^2O^5	R^2O^6 o. RO^3	R^2O^7	R^2O^8 od. RO^4
Höchste H-Verbindung				RH^4	RH^3	RH^2	RH	(R^2H) (?)

◀ 1871年门捷列夫的第二张元素周期表。门捷列夫的工作使化学家们将有相似化学特性的元素归入同一族。门捷列夫根据原子量来排列元素。今天，元素的排列顺序是由原子序数（核内质子数）决定的。

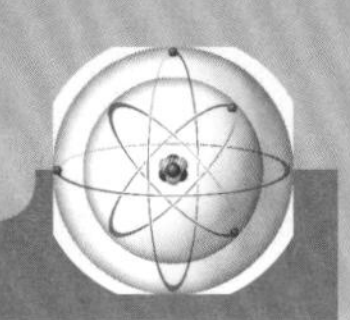

填补空白

除打乱元素的原子量顺序外，门捷列夫还将周期表中的元素挪到了新的位置上。他根据化合价将元素排序。然而，他最大的成就可能是描述了尚未被发现的元素。门捷列夫深信，元素周期有着自然的顺序。他将表格留了一些空白，并推测这些空白代表尚未被发现的元素。他甚至可以描述出这些未知元素的物理和化学特性。

在门捷列夫绘制的表中，有一处空白位于铝下方，他将其命名为类铝。这一元素由法国科学家保罗·埃米尔·勒科克·德·布瓦博德朗（1838—1912）于1875年发现了，为了纪念他的祖国（Gallia是法国的拉丁语名称），他把这个元素命名为镓（Gallium）。在1879年，瑞典化学家拉斯·弗里德里克·尼尔森（1840—1899）发现了被门捷列夫称为类硼的新元素。尼尔森将它命名为钪，以纪念斯堪的纳维亚。1886年，德国化学家克莱门斯·温克勒（1838—1904）发现了门捷列夫元素周期表中的类硅。温克勒将其命名为锗，以纪念德国。这些被发现的新元素的特征与门捷列夫的预测刚好吻合。

▼ 电弧焊运用电流产生火花状电弧使金属熔化并连接在一起。氩气有时用于电弧焊接，因为这是一种惰性气体，不会与熔化了的金属发生反应，从而形成更稳定的电弧。

▲ 现代霓虹灯很大程度上要归功于威廉·拉姆齐，他因发现稀有气体而获得1904年诺贝尔化学奖。

一组新气体

1895年，英国化学家约翰·威廉·斯特拉特（尊称瑞利勋爵，1841—1919）和苏格兰化学家威廉·拉姆齐（1852—1916）确认了被他们称为氩的气体。这个新元素放不进门捷列夫的元素周期表的任何位置。拉姆齐认为，一定会存在与氩类似的气体，于是他开始找寻它们。1895年，他制造出氦气。1898年，他和英国化学家莫里斯·特拉弗思开展了进一步的研究，共同确认了氖、氪和氙。四年之后，门捷列夫修正了他的元素周期表。他把这一组新气体在元素周期表末尾编了一个新的族。最初，化学家们把这一族称为“惰性气体”，因为它们不与其他元素发生化学反应。现在，惰性气体被称为稀有气体，因为它们在某些特定条件下还是可以发生化学反应的。

原子序数

1911年，生于新西兰的英国物理学家欧内斯特·卢瑟福（1871—1937）完成了一个重要的实验。这个实验揭示了原子的中心是包含密集的、带有正电荷的核。在卢瑟福这一发现的两年以后，英国物理学家亨利·莫塞莱（1887—1915）用一个叫作电子枪的机器向不同元素的原子发射电子。他发现，元素能发出X射线——一种短波长的高能放射线。这些X射线的特征取决于原子核中质子的数量。莫塞莱记录下了许多不同元素原子的核内质子数（现在称为原子序数）。于是，他制作了一张表，将所有已知元素以质子递增的顺序排列。同门捷列夫一样，莫塞莱也在他的表中留出了空位，预测了两种新元素的存在。这两种缺失的元素后来被发现了，称作锝和铼。莫塞莱还修正了根据原子量排序的相关表格中的一些错误。

关键词

- **稀有气体：**一组很难与其他元素发生化学反应的气体。
- **化合价：**用来表示一个原子（或原子团）能与其他原子相结合的数目。

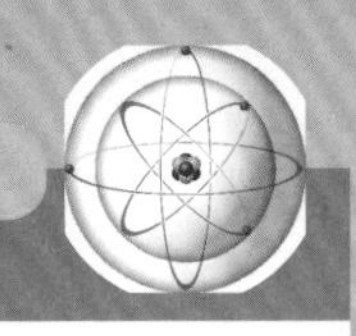

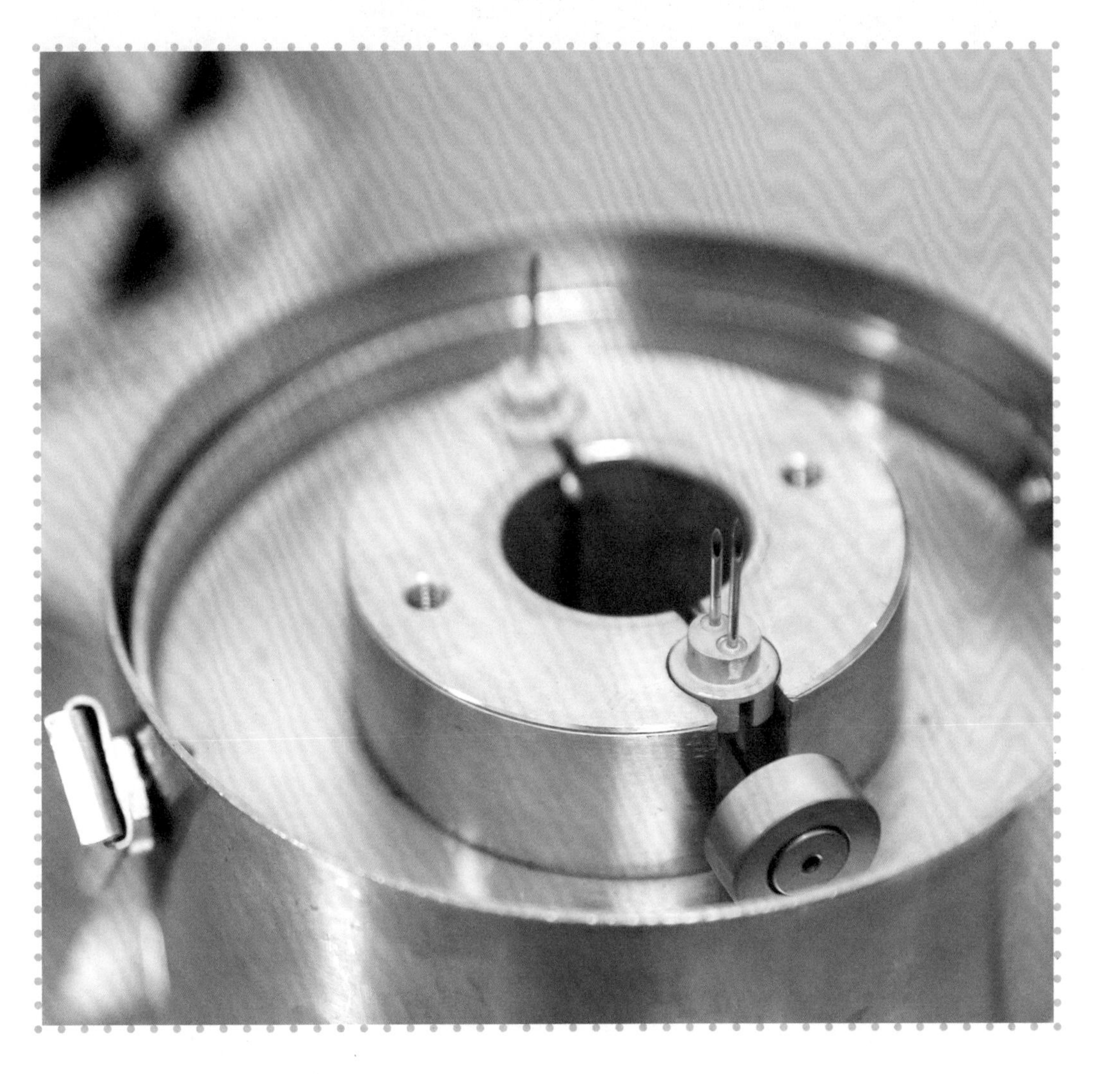

◀ 一种锝元素的同位素，常用于扫描，使医生能够看到患者身体体内部的状况。这台扫描器显示患者患有阿尔茨海默症。

原子量的问题

通过原子量可以确定原子核中质子和中子的总和。某种元素的原子总是拥有相同数量的质子，但中子的数量可能有所不同。这些不同中子数的同一种原子被称为同位素。原子序数是排列元素周期表的最佳依据，而不是原子量。幸运的是，虽然门捷列夫并不知道质子和中子，但原子量和原子序数的递增大致成比例。

现代元素周期表

20世纪中期，现代元素周期表经历了最后一次较大的更改。美国物理学家格伦·西博格（1912—1999）和他的同事发现了11种新元素，原子序数比铀（铀的原子序数是92）还大。西博格重新调整了元素周期表，并把这些元素排了进去。

4 阅读元素周期表

元素周期表反映了原子的化学特性，用一张简单的表格将已知所有的化学元素排列出来。

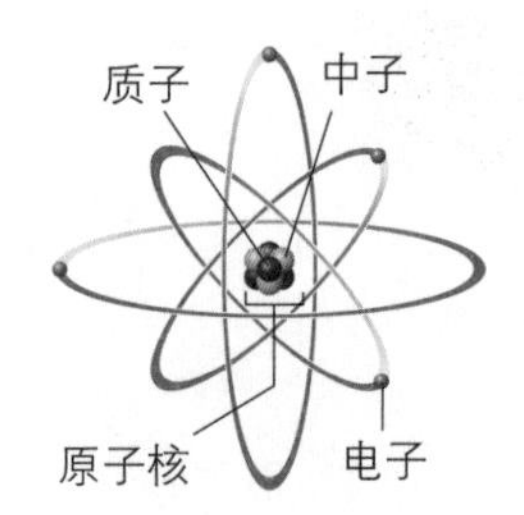

原子结构

33 As 砷 74.92160(2)	
33	原子序数
As	元素符号
砷	元素名称
74.92160(2)	原子量

- 氢
- 碱金属
- 碱土金属
- 金属
- 镧系元素

	I A	II A	III B	IV B	V B	VI B	VII B	VIII B	VIII B
1	1 H 氢 1.00794(7)								
2	3 Li 锂 6.941(2)	4 Be 铍 9.012182(3)							
3	11 Na 钠 22.989770(2)	12 Mg 镁 24.3050(6)							
4	19 K 钾 39.0983(1)	20 Ca 钙 40.078(4)	21 Sc 钪 44.955910(8)	22 Ti 钛 47.867(1)	23 V 钒 50.9415	24 Cr 铬 51.9961(6)	25 Mn 锰 54.938049(9)	26 Fe 铁 55.845(2)	27 Co 钴 58.933200(9)
5	37 Rb 铷 85.4678(3)	38 Sr 锶 87.62(1)	39 Y 钇 88.90585(2)	40 Zr 锆 91.224(2)	41 Nb 铌 92.90638(2)	42 Mo 钼 95.94(2)	43 Tc 锝 97.907	44 Ru 钌 101.07(2)	45 Rh 铑 102.90550(2)
6	55 Cs 铯 132.90545(2)	56 Ba 钡 137.327(7)	57-71 La-Lu 镧系	72 Hf 铪 178.49(2)	73 Ta 钽 180.9479(1)	74 W 钨 183.84(1)	75 Re 铼 186.207(1)	76 Os 锇 190.23(3)	77 Ir 铱 192.217(3)
7	87 Fr 钫 223.02	88 Ra 镭 226.03	89-103 Ac-Lr 锕系	104 Rf 铲 261.11	105 Db 钍 262.11	106 Sg 𬭳 263.12	107 Bh 𬭛 264.12	108 Hs 𬭶 265.13	109 Mt 鿏 266.13

镧系元素	57 La 镧 138.9055(2)	58 Ce 铈 140.116(1)	59 Pr 镨 140.90765(2)	60 Nd 钕 144.24(3)	61 Pm 钷 144.91
锕系元素	89 Ac 锕 227.03	90 Th 钍 232.0381(1)	91 Pa 镤 231.03588(2)	92 U 铀 238.02891(3)	93 Np 镎 237.05

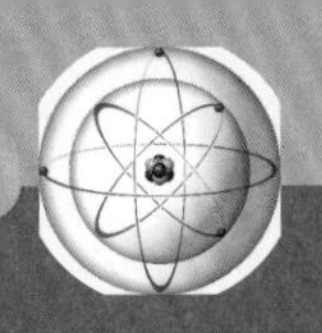

元素周期表是根据原子序数的递增来排列的。横行被称为周期，纵列被称为族。总而言之，同族元素有着相似的化学特性。每种元素原子的核电荷数（即质子数）或核外电子数决定了元素周期表的排列结构。

- 锕系元素
- 稀有气体
- 非金属
- 类金属

ⅧB	ⅠB	ⅡB	ⅢA	ⅣA	ⅤA	ⅥA	ⅦA	ⅧA
								2 He 氦 4.002602(2)
			5 B 硼 10.811(7)	6 C 碳 12.0107(8)	7 N 氮 14.0067(2)	8 O 氧 15.9994(3)	9 F 氟 18.9984032(5)	10 Ne 氖 20.1797(6)
			13 Al 铝 26.981538(2)	14 Si 硅 28.0855(3)	15 P 磷 30.973761(2)	16 S 硫 32.065(5)	17 Cl 氯 35.453(2)	18 Ar 氩 39.948(1)
28 Ni 镍 58.6934(2)	29 Cu 铜 63.546(3)	30 Zn 锌 65.409(4)	31 Ga 镓 69.723(1)	32 Ge 锗 72.64(1)	33 As 砷 74.92160(2)	34 Se 硒 78.96(3)	35 Br 溴 79.904(1)	36 Kr 氪 83.798(2)
46 Pd 钯 106.42(1)	47 Ag 银 107.8682(2)	48 Cd 镉 112.411(8)	49 In 铟 114.818(3)	50 Sn 锡 118.710(7)	51 Sb 锑 121.760(1)	52 Te 碲 127.60(3)	53 I 碘 126.90447(3)	54 Xe 氙 131.293(6)
78 Pt 铂 195.078(2)	79 Au 金 196.96655(2)	80 Hg 汞 200.59(2)	81 Tl 铊 204.3833(2)	82 Pb 铅 207.2(1)	83 Bi 铋 208.98038(2)	84 Po 钋 208.98	85 At 砹 209.99	84 Rn 氡 222.02
110 Ds 𫟼 (269)	111 Rg 𬬭 (272)	112 Cn 鿔 (277)	113 Uut * (278)	114 Fl 𫓧 (289)	115 Uup * (288)	116 Lv 𫟷 (289)		118 Uuo * (294)

62 Sm 钐 150.36(3)	63 Eu 铕 151.964(1)	64 Gd 钆 157.25(3)	65 Tb 铽 158.92534(2)	66 Dy 镝 162.500(1)	67 Ho 钬 164.93032(2)	68 Er 铒 167.259(3)	69 Tm 铥 168.93421(2)	70 Yb 镱 173.04(3)	71 Lu 镥 174.967(1)
94 Pu 钚 244.06	95 Am 镅 243.06	96 Cm 锔 247.07	97 Bk 锫 247.07	98 Cf 锎 251.08	99 Es 锿 252.08	100 Fm 镄 257.10	101 Md 钔 258.10	102 No 锘 259.10	103 Lr 铹 260.11

◀ 元素周期表示例，将元素分成18个族，7行。横行是根据原子序数的递增从左至右排列的。同族的所有元素与其他族的元素发生化学反应时都有相关特性。除氢外的其他气体位于表格的右上方，金属元素位于左、中部。金属元素占据了大部分的位置。大多数放射性元素属于锕系元素。

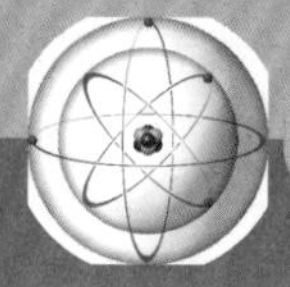

▲ 铍原子的结构在元素周期表中的呈现方式。

基本顺序

原子序数是某种元素原子核中质子的数量。氢原子的原子核中总是有一个质子。它的原子序数是1，所以氢原子在元素周期表中位列第1位。氦原子的原子核中总是有两个质子。它的原子序数是2，在表中位于氢之后，排第2位。铀原子的原子核中总是有92个质子。它的原子序数为92，所以占据第92位。

用原子序数排列各元素解决了门捷列夫用原子量排序的问题。元素周期表的每一横行，从左到右原子序数依次递增1。元素下方横行的原子序数比它上方横行的原子序数要多。据此，化学家们可以确保没

▲ 铍的主要来源之一是一种由铝、硅和氧构成的矿物。铍的一种结晶形态是绿松石，这是一种非常受人追捧的宝石。

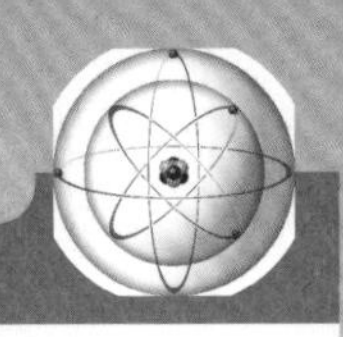

3 Li	4 Be	5 B	6 C	7 N	8 O	9 F	10 Ne
锂	铍	硼	碳	氮	氧	氟	氖
6.941(2)	9.012182(3)	10.811(7)	12.0107(8)	14.0067(2)	15.9994(3)	18.9984032(5)	20.1797(6)

▲ 元素周期表第二周期从锂开始至氖结束。从横向来看，它们的化学属性从金属（锂和铍）变成准金属（硼），到非金属（碳），最后是气体（氮、氧、氟、氖）。

有漏掉的原子序数，也没有漏掉的元素。

每格的含义

元素周期表的每个格子代表一种元素。在格子里，元素的原子序数、名称和化学符号都有所体现。此外，并没有什么严格的规定。通常，为了体现元素周期表的历史沿革，元素的原子量也包含其中。在有些版本中，每个元素的基本数据多达20种，比如电子排列情况、元素在一定的温度、压强等条件下所呈现的状态。很多现代的元素周期表还根据元素的类型着色，以区分金属、非金属和准金属等。还有一些周期表对每个族配以不同的颜色，比如，碱金属配一种颜色，碱土金属配一种颜色，卤素配另一种颜色等。也不是所有的表都分横行竖列的，有一些用螺旋结构排列的，还有的根据元素的化学特性，用一定的形状来表示它们之间的相互关系。

横行称为周期

元素周期表主要有7个横行，称为周期。氢和氦构成第一周期。接下来的两个短周期由8个元素组成：第二周期从锂（原子序数3）开始，到氖（原子序数10）结束；第三周期从钠（原子序数11）开始，到氩（原子序数18）结束。第四周期从钾（原子序数19）开始，到氪（原子序数36）结束。第五周期从铷（原子序数37）到氙（原子序数54）。

▼ 植物和动物都依赖第二周期的三个元素——碳、氮和氧来生长。所有活的有机物约90%的净重来自碳、氮和氧。

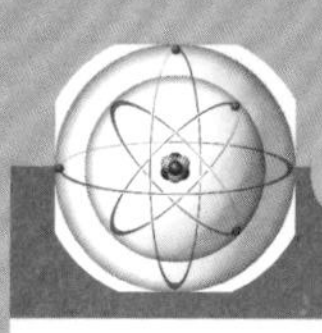

关键词

- **族**：元素周期表中的一个竖列。
- **准金属**：一类外表呈现金属特性，却表现金属和非金属两种化学性质的元素。
- **周期**：元素周期表中的一个横行。

在第四、第五周期中的一些元素称为过渡金属。在第四周期中，过渡金属从钪（原子序数21）开始，到锌（原子序数30）为止。在第五周期中，过渡金属从钇（原子序数39）到镉（原子序数48）。

第六周期特别长，有32个元素，从铯（原子序数55）开始，到氡（原子序数86）结束。在现代元素周期表中，第六周期减少到18个元素，另有14个元素被移走，放在表格底部，称为镧系元素。这样一来，不仅表格的大小刚好合适常规纸张的尺寸，而且能使有近似化合价的元素排在同一竖列。因此，在第六周期中，最后一个过渡金属是汞（原子序数80），正好位于第五周期最后一个过渡金属镉的下方。

第七周期并不完整，最后一个是人工合成的元素 Og（原子序数118）。人工合成的元素在自然界中并不存在，它是科学家在实验室里制造出来的。第七周期是另一个非常长的元素周期，有32种元素组成，Og（原子序数118）的发现使这一行完整了。后来第七周期也变短了，移走了14个元素，放在元素周期表的底部，称为锕系元素。

竖列称为族

外圈电子壳层有相同数量电子的元素通常位于元素周期表同一个竖列上，称为族（右图）。化学家把氢放在第一族的顶端，但其实它并不属于这一族。事实上，第一族是从锂（原子序数3）开始的，到钫（原子序数87）为止。和氢不同，第一族元素是金属。该族所有的元素都能与水

原子序数	符号	名称	相对原子质量
1	H	氢	1.00794(7)
3	Li	锂	6.941(2)
11	Na	钠	22.989770(2)
19	K	钾	39.0983(1)
37	Rb	铷	85.4678(3)
55	Cs	铯	132.90545(2)
87	Fr	钫	223.02

▼ 焰色反应。当火焰燃烧时，可以通过火焰的颜色来识别元素。这一系列的火焰分别来自钠、锶、钾和锌。

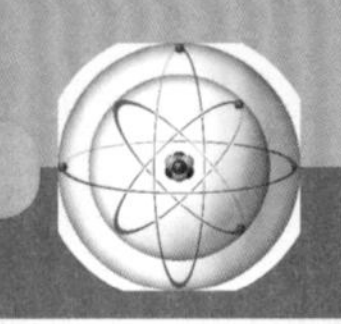

▲ 过渡金属可形成多种颜色的化合物。这一特点使它们在玻璃制造业中大有可为，能被做成色彩斑斓的弹珠。

发生反应，形成碱溶液。因此，这组元素被称为碱金属。

第二族元素从铍（原子序数4）到镭（原子序数88）。该族元素被称为碱土金属。这一组元素也都能和水发生反应，形成碱溶液。“土”一字是沿用了旧称，用来描述第二族元素与氧反应后形成的化合物。

第3到第12族元素构成了过渡金属，位于元素周期表的中间位置，表格底部是稀土金属。过渡金属的化学反应性不如碱金属和碱土金属那样可预见。有些过渡金属，像钴（原子序数27）和铁（原子序数26），可形成多种颜色的化合物。另外，比如金（原子序数79）和铂（原子序数78），基本不发生化学反应，是在自然界中可以找到的纯金属。

第13、14、15族元素看起来与之前几个族的元素并没有明显的关联。准金属（与金属相类似），比如硼（原子序数5）和硅（原子序数14），以及许多固体非金

化学在行动

氢之家

在很多版本的元素周期表中，氢被放在左上端第一族碱金属上方。不过，这会产生一个问题，因为氢是气体，而第一族元素是金属。另有一些版本的元素周期表，在第17族卤素上方可以找到氢。有时候，氢在这两族元素中都会出现，它有时还会在周期表上方自由飘荡。事实上，氢是一个很独特的元素，没人能确切知道该把它放在哪里。

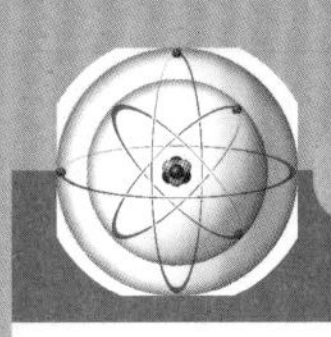

属，例如磷（原子序数15）和硫（原子序数16），在第13到第16族之间都能找到。卤素组成了第17族。这一组元素从氟（原子序数9）至砹（原子序数85）。卤素都容易发生化学反应，其中氟是最活跃的。

第18族从氦（原子序数2）至氡（原子序数86）。1869年门捷列夫发布最初的元素周期表时，这些气体尚未被发现。1902年，门捷列夫最后一次修正元素周期表时才将它们补充进来。第18族元素与其他很多元素不发生反应。因此，它们被称为稀有气体或惰性气体。

◀ 用气瓶中的氦气给气球充气。氦是惰性气体中的第一个元素，位于第18族。

编号惯例

元素周期表从上至下，周期（横行）简单编号为1到7。元素族的编号稍微麻烦些。有三种对元素族进行编号的系统。第一种是使用罗马数字（I，II，III，IV，V等）。第二种是使用罗马数字以及字母A和B的组合。后来，国际纯粹化学和应用化学联合会（IUPAC）替换了传统的罗马数字和字母。新的命名法使用阿拉伯数字1到18。从碱金属（第1族），到稀有气体（第18族）。现在你在化学书中仍有可能见到传统的编号方法。

化学在行动

化学符号

化学符号是书写元素名称的简单方法。在书写化学反应方程式的时候，我们可以使用化学符号。化学符号本身包含一个或两个字母。通常，符号的第一个字母是元素通用名称的首字母。所以，氢就是H，硼是B。有时候，化学符号的首字母来自元素的拉丁名。比如，钾是K，来自它的拉丁名“Kalium”。有些元素名称的首字母难免会是相同的，因此，元素符号可能会有两个字母。只有第一个字母是大写的。于是，氦是He，而钡是Ba。铁的化学符号Fe来自它的拉丁名称“Ferrum”。

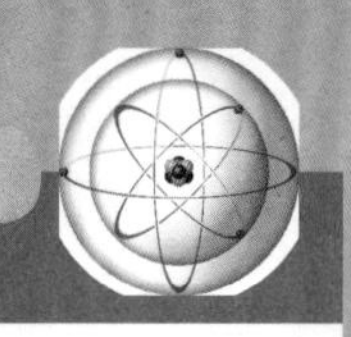

近距离观察

元素的其他名称

一直以来，如何给元素命名对科学家们来说是个挑战。对于较早被发现的元素，比如金、银、汞等，在不同国家也有不同叫法。例如，法国和希腊把氮称为“Azote”，德国用“Sauerstoff”称氧。有些运用与拉丁名称比较相似。银的拉丁名是“Argentum”，意大利语是“Argento”。

为避免在国家贸易中产生困惑，也为了确保所有国家的科学家在谈论同一个元素时不会存在误认的风险，元素名称标准化规则被制定出来。监管这一进程的是国际纯粹化学和应用化学联合会，即IUPAC。根据它所制定的规则，铝和铯的国际通用名称使用英式英语的拼写“Aluminium”和“Caesium”，而硫采用了美式英语的拼写“Sulfur”。

由于新的元素仍将在实验室被合成出来，国际纯粹化学和应用化学联合会也参与了它们命名规则的制定。有些新元素经常由两个或两个以上的实验室共同发现，他们对如何命名新元素会有不同见解。对于命名原子序数在104到111之间的重金属有颇多分歧。经过协商，目前，这些元素统一命名为𬬻（原子序数104）、𬭊（原子序数105）、𬭳（原子序数106）、𬭛（原子序数107）、𬭶（原子序数108）、鿏（原子序数109），𫟼（原子序数110）、𬬭（原子序数111）。原子序数超出这些的，以拉丁名称形式来命名——镉（原子序数112）、钚（原子序数113）、铁（原子序数114），等等。

大多数的元素是根据地名或人名来命名的。地名是该元素最初发现的地方或是发现者的祖国。用人名命名的，是为了纪念发现它的著名科学家，或是神话传说中的人物。还有少数根据宇宙物体命名。

◀ 赫利俄斯，古希腊神话中的太阳神，氦就是据此命名的。

根据地名命名的元素

镅——美洲
锎——美国加利福尼亚州
𫟼——德国达姆施塔特
铕——欧洲
钫——法国
铪——哥本哈根（拉丁语）
钬——斯德哥尔摩（拉丁语）
镥——巴黎（拉丁语）
镁——古希腊马格尼西亚
钋——波兰
锶——苏格拉斯特朗申
钇——瑞典于特比

根据人名或神化人物命名的元素

𬭛——尼尔斯·玻尔
锔——皮埃尔和居里夫人
锿——阿尔伯特·爱因斯坦
镄——恩里科·费米
氦——赫利俄斯，古希腊太阳神
钔——德米特里·门捷列夫
铌——尼俄柏，古希腊神话中的女性
硒——塞勒涅，古希腊神话中的月亮神
钍——索尔，北欧神话中的雷神
碲——地球（拉丁语）
钒——凡娜狄斯，北欧神话中的女神

原子序数 / 元素符号 / 元素名称 / 原子量（示例：33 As 砷 74.92160(2)）

氢　碱金属　碱土金属　金属　镧系元素　锕系元素　稀有气体　非金属　类金属

	ⅠA	ⅡA	ⅢB	ⅣB	ⅤB	ⅥB	ⅦB	ⅧB	ⅧB	ⅧB	ⅠB	ⅡB	ⅢA	ⅣA	ⅤA	ⅥA	ⅦA	ⅧA
1	1 H 氢 1.00794(7)																	2 He 氦 4.002602(2)
2	3 Li 锂 6.941(2)	4 Be 铍 9.012182(3)											5 B 硼 10.811(7)	6 C 碳 12.0107(8)	7 N 氮 14.0067(2)	8 O 氧 15.9994(3)	9 F 氟 18.9984032(5)	10 Ne 氖 20.1797(6)
3	11 Na 钠 22.989770(2)	12 Mg 镁 24.3050(6)											13 Al 铝 26.981538(2)	14 Si 硅 28.0855(3)	15 P 磷 30.973761(2)	16 S 硫 32.065(5)	17 Cl 氯 35.453(2)	18 Ar 氩 39.948(1)
4	19 K 钾 39.0983(1)	20 Ca 钙 40.078(4)	21 Sc 钪 44.955910(8)	22 Ti 钛 47.867(1)	23 V 钒 50.9415	24 Cr 铬 51.9961(6)	25 Mn 锰 54.938049(9)	26 Fe 铁 55.845(2)	27 Co 钴 58.933200(9)	28 Ni 镍 58.6934(2)	29 Cu 铜 63.546(3)	30 Zn 锌 65.409(4)	31 Ga 镓 69.723(1)	32 Ge 锗 72.64(1)	33 As 砷 74.92160(2)	34 Se 硒 78.96(3)	35 Br 溴 79.904(1)	36 Kr 氪 83.798(2)
5	37 Rb 铷 85.4678(3)	38 Sr 锶 87.62(1)	39 Y 钇 88.90585(2)	40 Zr 锆 91.224(2)	41 Nb 铌 92.90638(2)	42 Mo 钼 95.94(2)	43 Tc 锝 97.907	44 Ru 钌 101.07(2)	45 Rh 铑 102.90550(2)	46 Pd 钯 106.42(1)	47 Ag 银 107.8682(2)	48 Cd 镉 112.411(8)	49 In 铟 114.818(3)	50 Sn 锡 118.710(7)	51 Sb 锑 121.760(1)	52 Te 碲 127.60(3)	53 I 碘 126.90447(3)	54 Xe 氙 131.293(6)
6	55 Cs 铯 132.90545(2)	56 Ba 钡 137.327(7)	57-71 La-Lu 镧系	72 Hf 铪 178.49(2)	73 Ta 钽 180.9479(1)	74 W 钨 183.84(1)	75 Re 铼 186.207(1)	76 Os 锇 190.23(3)	77 Ir 铱 192.217(3)	78 Pt 铂 195.078(2)	79 Au 金 196.96655(2)	80 Hg 汞 200.59(2)	81 Tl 铊 204.3833(2)	82 Pb 铅 207.2(1)	83 Bi 铋 208.98038(2)	84 Po 钋 208.98	85 At 砹 209.99	84 Rn 氡 222.02
7	87 Fr 钫 223.02	88 Ra 镭 226.03	89-103 Ac-Lr 锕系	104 Rf 𬬻 261.11	105 Db 𬭊 262.11	106 Sg 𬭳 263.12	107 Bh 𬭛 264.12	108 Hs 𬭶 265.13	109 Mt 鿏 266.13	110 Ds 𫟼 (269)	111 Rg 𬬭 (272)	112 Cn 鿔 (277)	113 Uut * (278)	114 Fl 𫓧 (289)	115 Uup * (288)	116 Lv 𫟷 (289)		118 Uuo * (294)

镧系元素	57 La 镧 138.9055(2)	58 Ce 铈 140.116(1)	59 Pr 镨 140.90765(2)	60 Nd 钕 144.24(3)	61 Pm 钷 144.91	62 Sm 钐 150.36(3)	63 Eu 铕 151.964(1)	64 Gd 钆 157.25(3)	65 Tb 铽 158.92534(2)	66 Dy 镝 162.500(1)	67 Ho 钬 164.93032(2)	68 Er 铒 167.259(3)	69 Tm 铥 168.93421(2)	70 Yb 镱 173.04(3)	71 Lu 镥 174.967(1)
锕系元素	89 Ac 锕 227.03	90 Th 钍 232.0381(1)	91 Pa 镤 231.03588(2)	92 U 铀 238.02891(3)	93 Np 镎 237.05	94 Pu 钚 244.06	95 Am 镅 243.06	96 Cm 锔 247.07	97 Bk 锫 247.07	98 Cf 锎 251.08	99 Es 锿 252.08	100 Fm 镄 257.10	101 Md 钔 258.10	102 No 锘 259.10	103 Lr 铹 260.11

▲ 元素在周期表中从左至右，从上到下的排列顺序，体现了不同周期和族中元素的一些变化趋势，比如硬度、发生化学反应的活跃程度和物理状态的变化。

关键词

- **沸点：**液体转化为气体所需达到的特定温度。
- **熔点：**固体转化为液体所需达到的特定温度。
- **标准状态：**常温常压状态。

元素周期表的趋势

如今，元素周期表包含了7个周期、18个族共118种元素。在标准状态（常温常压）下，有两种元素是液体（溴和汞），

第2周期元素的熔点和沸点

		锂	铍	硼	碳	氮	氧	氟	氖
熔点	ºF	357	2 349	3 769	6 381	−346	−361	−363	−415
	ºC	180.5	1 287	2 076	3 527	−210	−218	−219	−248
沸点	ºF	2 448	4 476	7 101	7 281	−320	−297	−306	−411
	ºC	1 342	2 469	3 927	4 027	−196	−183	−188	−246

（表头：元素）

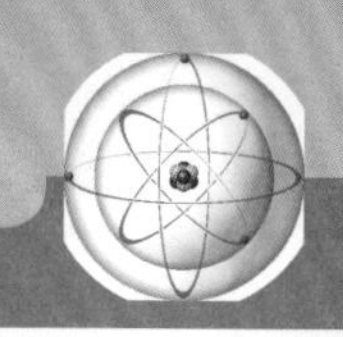

11种是气体，其余的都是固体。除氢和汞外，气体和液体位于表格的右面。大多数金属在表格的左下部。准金属形成了一条斜线，从硼到碲，位于表格右侧。大多数非金属，比如碳、氧、氮和卤素，在表格的右上部（稀有气体除外）。因此，一般而言，在元素周期表中从横向周期的角度来看，有从左至右金属性递减的趋势。

第1族的碱金属是熔点较低的软金属。第2族的碱土金属比第1族的金属熔点高、硬度大。沿着不同的周期从左往右移，可以看到元素的硬度逐渐加大，熔点和沸点也在提高。这些特点在表格的中心位置达到峰值。然后，硬度、熔点和沸点开始递减。

试一试

元素周期表中的颜色

在互联网上检索一下不同版本的元素周期表，与本书中的表格做一个比较。你认为哪一种表格是最佳方案呢？选几个你找到的表格，打印出来。你也可以将本书中的表格复印下来。然后，将所有金属元素涂上一种颜色，再将所有的气体涂上另一种颜色，其余既不是金属也不是气体的元素再涂上另外的颜色。在涂色之前，你需要做一些研究，区分哪些元素是金属，哪些是气体，哪些两者都不是。

化学在行动

宇宙特殊元素

大多数元素周期表上，在底部都有两行各15种元素。第一行的15种元素称为镧系元素，第二行的元素称为锕系元素。这种分开排列的方法是一种现实的选择。一个有30种元素的周期实在太长了，普通尺寸的纸张根本放不下。因而，放在元素周期表最下方。

▼ 铀元素是一种宇宙特殊元素。有时候它被添加进玻璃中，使玻璃呈现出明亮的黄光。

5 金属

所有的元素中，约四分之三是金属。一般说来，在元素周期表中，金属位于左边和中间。有些金属，如金、铜，是最早被发现的元素。

在大自然中，金属常见于岩石里，和其他一些元素混合在一起，形成的化合物称为矿石。矿石通常是金属和氧（氧化物）或硫（硫化物）形成的化合物。少数的金属，如金、铂和银，是自然的纯金属。

铝、铜、铁和镁等金属有很多特点，比如硬度和强度，这些特点使它们成为用途广泛的元素。因此，很多金属矿被开采并从中提取出金属元素，这一过程叫作冶炼。

机械装置中的嵌齿轮通常由金属制成。许多金属坚硬牢固，适合用来制造耐磨损的器件。

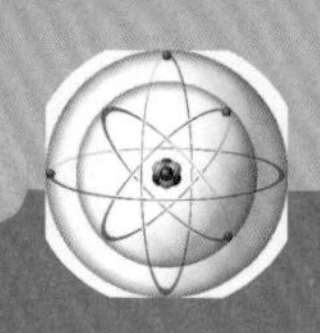

元素周期表中的位置

不同的金属位于元素周期表中不同的位置。碱金属（第1族）和碱土金属（第2族）在表格的左侧。过渡金属（第3—12族）位于表格中部。铝（第13族）以及铅和锡（第14族）可以在表格右侧找到。

物理属性

有很多金属的特性很难作出总体的概括性描述。大多数金属在常温下是坚硬的、高密度的、牢固的。汞是唯一在室温下呈液体状态的金属。有些金属，如钠、锂在常温下是柔软的，可以用一把刀来切割它们。大多数金属是银色或灰色的，但铜是褐黄色的，金是黄色的。金属被磨光时表面会有光泽。大多数金属（但并非所有的金属）熔点都较高。熔点是固体转化为液体需要达到的某个温度。钨是所有金属中熔点最高的。它的熔点为摄氏3 422度（华氏6 192度）。而镓则会在你的手心里熔化。大多数金属也有较高的沸点。沸点是液体转化为气体的温度。

金属具有延展性，意味着它们可以被打造成各种形状。28克金可以被打造成9.3平方米的薄片。金属也是易塑形的，它们可以做成细线。1吨金制成的金线长度相当于从地球到月亮走一个来回。大多数金属也是具有弹性的物质。当你拉伸、弯折一片金属后，它又能回到原来的形状。金属还是优良的热和电的导体。

▼ 元素周期表中大部分的族是由金属组成的。它们大致分为过渡金属（第3—12族），碱金属（第1族）和碱土金属（第2族）。还有一些金属位于第13、14、15和16族。

ⅠA	ⅡA	ⅢB	ⅣB	ⅤB	ⅥB	ⅦB	ⅧB	ⅧB	ⅧB	ⅠB	ⅡB	ⅢA	ⅣA	ⅤA	ⅥA
3 Li 锂 6.941(2)	4 Be 铍 9.012182(3)														
11 Na 钠 22.989770(2)	12 Mg 镁 24.3050(6)											13 Al 铝 26.981538(2)			
19 K 钾 39.0983(1)	20 Ca 钙 40.078(4)	21 Sc 钪 44.955910(8)	22 Ti 钛 47.867(1)	23 V 钒 50.9415	24 Cr 铬 51.9961(6)	25 Mn 锰 54.938049(9)	26 Fe 铁 55.845(2)	27 Co 钴 58.933200(9)	28 Ni 镍 58.6934(2)	29 Cu 铜 63.546(3)	30 Zn 锌 65.409(4)	31 Ga 镓 69.723(1)			
37 Rb 铷 85.4678(3)	38 Sr 锶 87.62(1)	39 Y 钇 88.90585(2)	40 Zr 锆 91.224(2)	41 Nb 铌 92.90638(2)	42 Mo 钼 95.94(2)	43 Tc 锝 97.907	44 Ru 钌 101.07(2)	45 Rh 铑 102.90550(2)	46 Pd 钯 106.42(1)	47 Ag 银 107.8682(2)	48 Cd 镉 112.411(8)	49 In 铟 114.818(3)	50 Sn 锡 118.710(7)		
55 Cs 铯 132.90545(2)	56 Ba 钡 137.327(7)		72 Hf 铪 178.49(2)	73 Ta 钽 180.9479(1)	74 W 钨 183.84(1)	75 Re 铼 186.207(1)	76 Os 锇 190.23(3)	77 Ir 铱 192.217(3)	78 Pt 铂 195.078(2)	79 Au 金 196.96655(2)	80 Hg 汞 200.59(2)	81 Tl 铊 204.3833(2)	82 Pb 铅 207.2(1)	83 Bi 铋 208.98038(2)	84 Po 钋 208.98
87 Fr 钫 223.02	88 Ra 镭 226.03		104 Rf 𬬻 261.11	105 Db 𬭊 262.11	106 Sg 𬭳 263.12	107 Bh 𬭛 264.12	108 Hs 𬭶 265.13	109 Mt 鿏 266.13	110 Ds 𫟼 (269)	111 Rg 𬬭 (272)	112 Cn 鿔 (277)	113 Uut * (278)	114 Fl 𫓧 (289)	115 Uup * (288)	116 Lv 𫟷 (289)

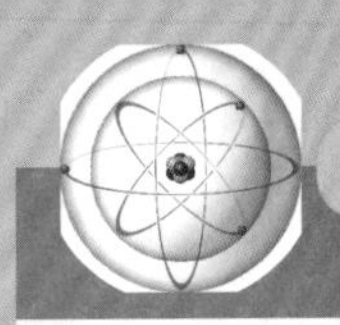

金属的结构

金属是晶体结构的。每一小片金属都是一个规则排列的原子以结晶的形式所组成的巨型网格结构。这称为巨型晶格结构。金属原子紧密排在一起，形成结晶，形状是立方体或六边形。连接原子的化学键是固定的，使得金属十分坚固。原子排列紧密使大多数金属质量大、密度高。密度是用来测量单位体积物质质量的。在所有的元素中，锇和铱的密度是最高的。

有时候，晶体结构也产生缺损。一旦有缺损，晶体中的原子就会相互滑动。这使得金属容易被拉伸和弯曲，也容易被打造成各种不同的形状。这也就解释了为何金属具有延展性和易塑性。不过，晶体结构缺损过多，会让金属变脆。

▲ 工匠在用金箔涂在绘画上作为装饰涂层。金叶的厚度仅为 1×10^{-6} 到 12.4×10^{-6} 厘米。

近距离观察

晶格

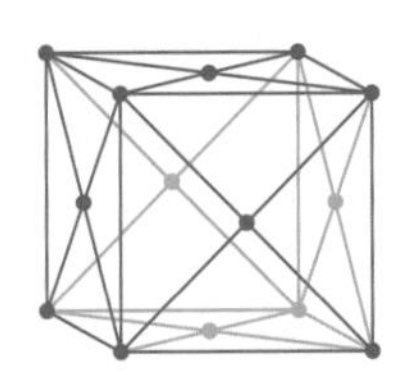

在一个面心立方晶格中，立方体每一面的中心都有一个原子，这些原子组成一个晶体。

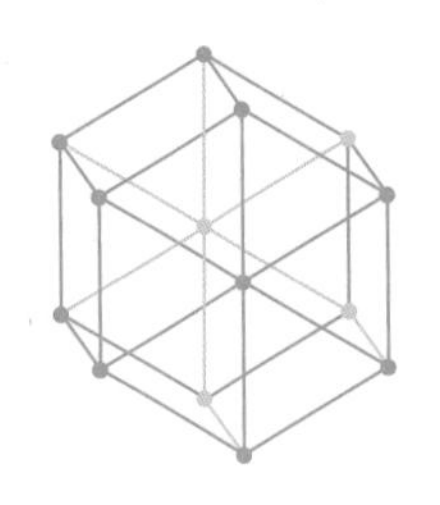

在一个密排六边晶格中，原子组成六边形结构。

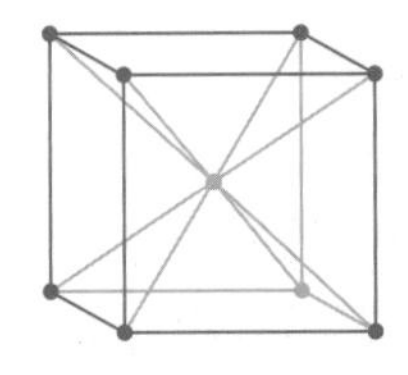

在一个体心立方晶格中，在立方体中心有一个原子，这些原子组合成一个晶体。

◀ 金属晶体是由金属原子晶格所排列组成的。不同的金属原子由三种不同的排列方式，分别为密排六边晶格、面心立方晶格和体心立方晶格。

大多数金属的原子中，外圈电子壳层的电子并不十分紧密。有一些电子游离出来，在金属原子中移动。因此，金属含有大量的阳离子，这是金属失去电子的结果。金属阳离子被电子的“海洋”包围。20世纪初，荷兰物理学家亨德里克·洛伦兹（1853—1928）提出了金属结构的这一模型。这解释了为何大多数金属是优良的导体。当“海洋”中的电子朝特定方向移动时，就形成了电流。

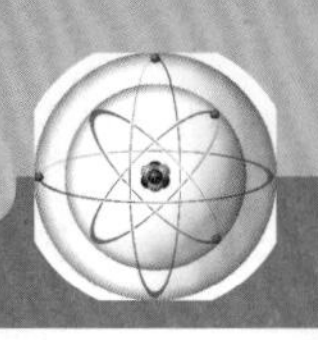

化学属性

大多数金属的外层电子易于游离出来，与别的元素的原子发生反应。因此，金属与其他元素（主要是非金属）发生反应时，形态是阳离子。非金属接受电子，形成阴离子。有些金属非常活跃，如钾和钠。它们会与水和酸发生强烈的反应。两者在发生化学反应时都会释放大量的氧气和热量。然而，金和银几乎不与其他元素发生反应，即便浓缩（强）酸溶液泼洒在上面，也不发生反应。

关键词

- **延展性**：物体受到拉力时延伸成为细丝而不断裂的性质。
- **可塑性**：具有可塑性的材料易于打造成各种形状。
- **矿石**：包含有用的元素，如铝、铜、铁或铂的岩石。
- **冶炼**：利用焙烧、熔炼、电解、化学药剂等将金属从矿物中提炼出来的技术的统称。

近距离观察

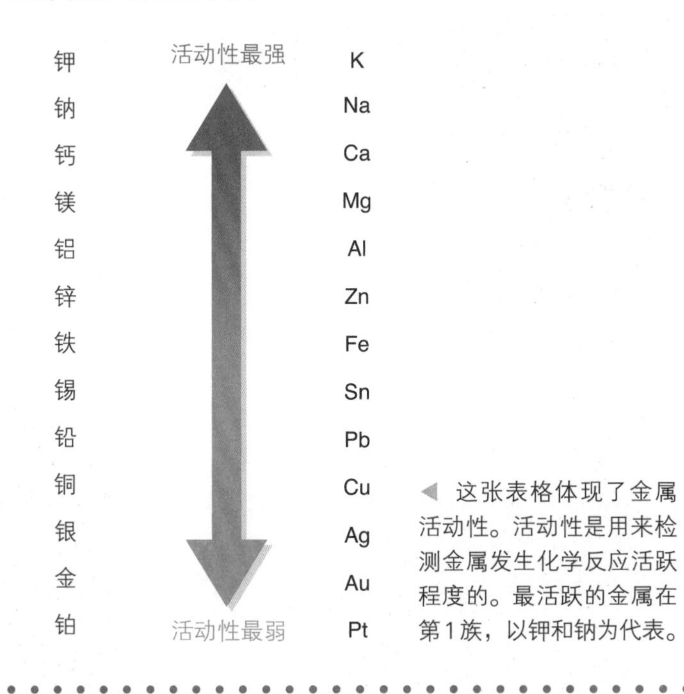

◀ 这张表格体现了金属活动性。活动性是用来检测金属发生化学反应活跃程度的。最活跃的金属在第1族，以钾和钠为代表。

金属活动性是根据金属发生化学反应的活跃程度来排序的。最靠前的是活动性最强的；因此，第1族金属元素的活动性最强，而像金和银等元素就排在最后。

碱金属

碱金属构成了元素周期表第1族元素。它们是锂、钠、钾、铷、铯和钫。碱金属密度不是很高。钠和钾很软，一把刀就能将它们切割开。所有的碱金属外圈电子壳层中都只有1个电子。与其他元素发生化学反应时，碱金属失去外层电子。金属成为电子排列稳定的阳离子。因此，碱金属与其他元素构成离子化合物，特别是卤素。碱金属是活动性最强的金属。常见的碱金属化合物有氯化钠（食盐）和氯化钾（一种肥料）。

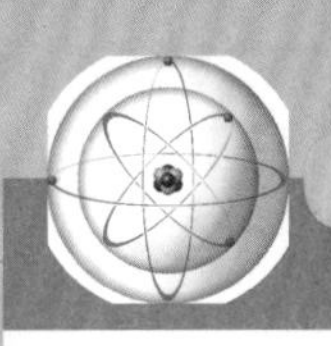

碱土金属

碱土金属构成了元素周期表第2族元素。它们是铍、镁、钙、锶、钡和镭。和碱金属类似，碱土金属也不像别的金属那样坚硬且高密度。碱土金属外圈电子壳层有2个电子。与碱金属类似，它们与别的元素形成离子化合物。它们移除两个外层电子，形成了+2价离子，是相当稳定的电子排列结构。

化学在行动

人体中的金属

有一些金属对人体至关重要。比如，血液中有一种称为血红蛋白的物质含有铁。血红蛋白使血液将氧输送到肺部及全身。神经细胞传递信号的过程需要钙和钾。钙和钾也有助于强健骨骼和牙齿。镁在控制心脏搏动和肌肉功能中发挥着重要作用。

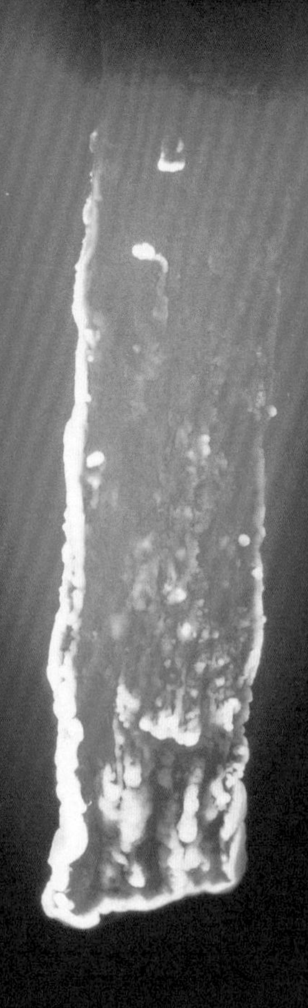

▶ 镁带燃烧时会在空气中形成耀眼的白光。镁可用于制作信号弹和烟花，以及制造飞机部件。

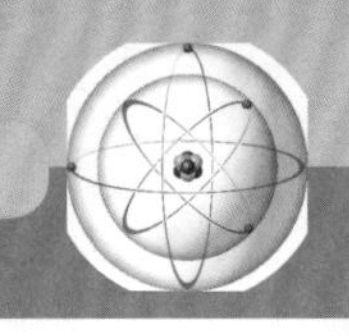

钙是储量丰富的碱土金属，在地壳中的储量位居第五。它也是构成牙齿和骨骼的重要元素。钙的化合物在钢铁生产中应用广泛。

锶-90是一种含有放射性的锶元素，它会分解，释放放射性物质。锶-90是核电站化学反应产生的副产品，十分危险，污染性强。它与钙有类似的化学特性，因此会取代骨骼中的钙。它的放射性会摧毁血细胞，可能导致死亡。

过渡金属

过渡金属组成了元素周期表中第3族至第12族元素。其中包括铜、铁、镍和锌。过渡金属的典型特点是坚硬且熔点高。

▼ 青铜时代的斧头。青铜是一种坚固的合金，比铜硬得多，可用于制造工具和武器。

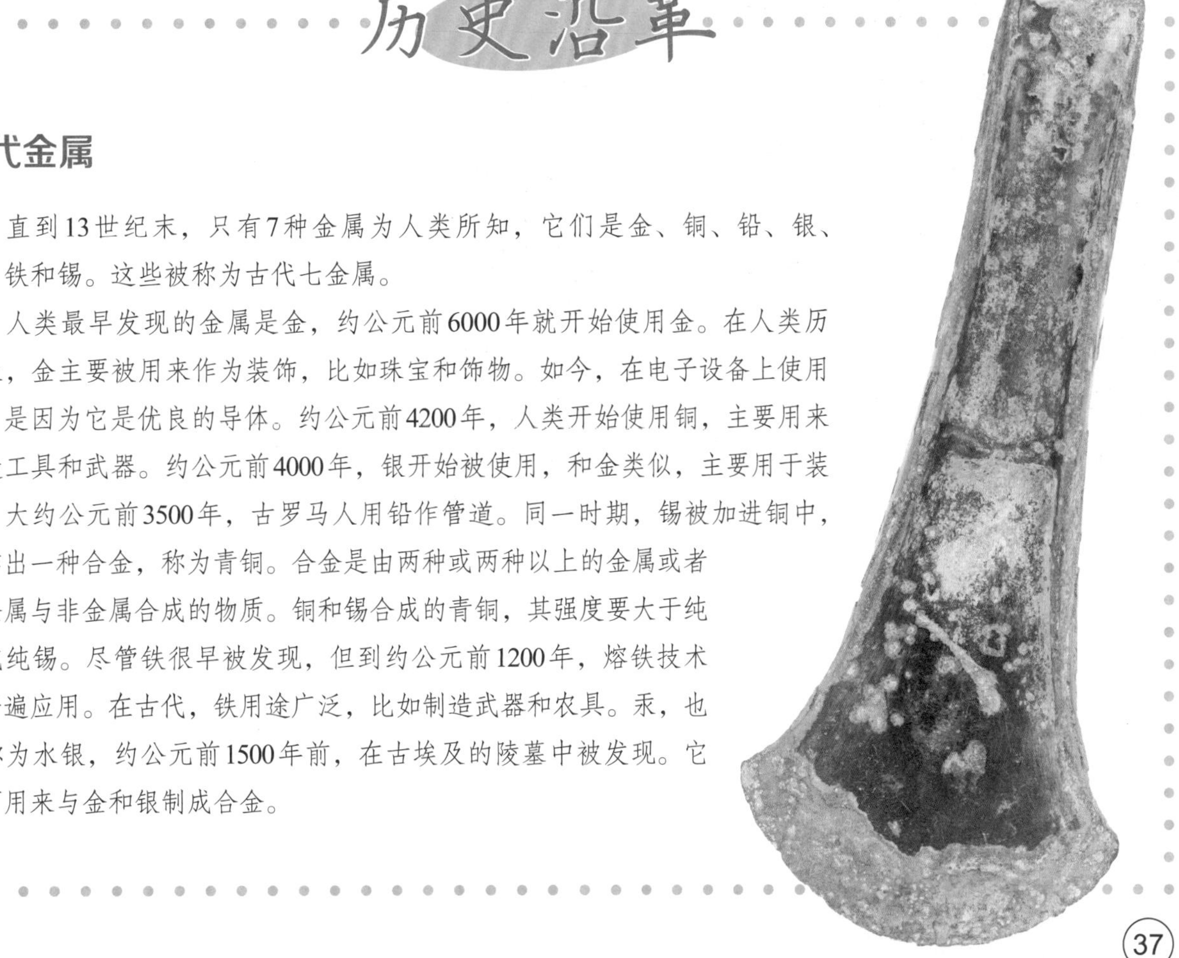

历史沿革

古代金属

直到13世纪末，只有7种金属为人类所知，它们是金、铜、铅、银、汞、铁和锡。这些被称为古代七金属。

人类最早发现的金属是金，约公元前6000年就开始使用金。在人类历史上，金主要被用来作为装饰，比如珠宝和饰物。如今，在电子设备上使用金，是因为它是优良的导体。约公元前4200年，人类开始使用铜，主要用来制造工具和武器。约公元前4000年，银开始被使用，和金类似，主要用于装饰。大约公元前3500年，古罗马人用铅作管道。同一时期，锡被加进铜中，制作出一种合金，称为青铜。合金是由两种或两种以上的金属或者由金属与非金属合成的物质。铜和锡合成的青铜，其强度要大于纯铜或纯锡。尽管铁很早被发现，但到约公元前1200年，熔铁技术才普遍应用。在古代，铁用途广泛，比如制造武器和农具。汞，也被称为水银，约公元前1500年前，在古埃及的陵墓中被发现。它也可用来与金和银制成合金。

▲ 卡车上银色的金属是镀铬。铬是一种过渡金属，用作镀层，起到坚固、亮泽和防锈的效果。

过渡金属的化学属性较复杂。多数过渡金属与其他元素发生化学反应时外圈电子壳层会失去一个或多个电子，比如铜，会失去一个电子，形成带一个正电荷的离子，或失去两个电子，形成带两个正电荷的离子。

有一些过渡金属形成化合物有特征鲜明的颜色，比如五水硫酸铜是亮蓝色的结晶。许多过渡金属是优良的导体，由于每个原子的外圈电子壳层的电子并不紧密相连，因此这些电子可以自由导电。所有金属中，银是最佳导体。

铁是应用最为广泛的过渡金属。千百年来，铁被用来制造工具和武器。如今，铁被制成了称为钢的合金，钢含有非金属元素碳。钢可用于建造房屋、汽车、轮船、桥梁和其他很多项目。

铜也十分重要。由于其优良的导电性，铜被用于制作电缆和电线。通入每家每户的水管也常用铜制成。有些铜与锌混合制成合金黄铜。黄铜是质地坚硬，黄色闪亮的合金，常用于制作装饰品。

试一试

铜块清洗剂

将几个铜块放进碗中，加一些醋和几勺食盐。几分钟之后，将铜块从醋和盐溶液中取出。你有什么发现？随着时间的流逝，铜块会渐渐失去光泽。硬块中的铜与空气中的氧发生反应，在铜块表面形成一层氧化铜。纯铜是一种光亮的金属，但氧化铜呈黯淡的绿色。醋中有一种称为乙酸的物质。酸能溶解氧化铜表层，使得铜块中的铜光亮如初。

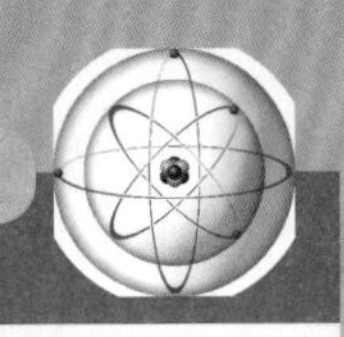

其他金属

铝在第13族，是地壳中储量最丰富的元素。和其他第13族元素一样，铝与其他元素形成化合物时会失去三个电子。铝可以用于制作容器和高精尖产品的零部件。它还是很多合金的成分之一。

第14族有两种重要的金属——铅和锡。这两种金属都能用来制造合金。青铜是铜和锡的合金。几千年前，人类就用青铜制造工具和武器。铅是制造合金白镴和焊锡的重要成分。白镴主要是装饰用的合金。焊锡通常是锡和铅合成的。不过，出于对铅的使用安全性的考虑，焊锡中的铅渐渐被其他金属替代了。在欧洲，铅曾用来制造水管，但铅有毒，很多人因此中毒。现代，铅通常用来制造电池，它也是玻璃的成分，比如一种被称为铅水晶的高档玻璃器皿。

关键词

- **碱金属**：组成元素周期表中第1族除氢以外的元素。
- **碱土金属**：组成元素周期表第2族的元素。
- **合金**：由两种或多种化学组分构成的固溶体或化合物形式的材料或物质。
- **放射性元素**：一种元素在分解过程中会释放放射性物质。
- **过渡金属**：组成元素周期表第3至12族的元素。

化学在行动

非同寻常的汞

人类在几千年前就认识了汞。早期的化学家，即炼金术士，对这种浓稠、高密度液体的独特性推崇备至。早期物理学家将汞用作防腐剂。防腐剂是一种可以杀灭和阻止有害细菌滋生的物质。由于汞受热后能均匀铺展开来，因此被用来制作气压表和温度计，不过，从安全角度考虑，现在已经不用汞来制作体温计了。尽管汞金属有剧毒，汞化合物仍因防腐特性有其价值。由汞制成的合金被称为汞合金。汞合金含有汞、锌、锡和铜等化学成分，可以用来补牙。

▲ 路易斯·卡罗尔的《爱丽丝漫游奇境》(1865)中的人物疯帽匠。在欧洲古代，汞被用来制作帽子的毛毡，制帽匠常常因汞中毒引发精神错乱，因此留下一句俗语，“疯得像个制帽匠”。

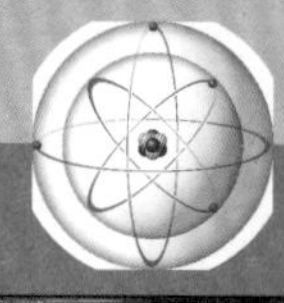

▲ 现代飞机由多种合金制造而成。其中最常见的金属是铝，它很轻但非常坚固。

化学在行动

合金

钢由少量的碳添加到铁中组成。合金是由两种或多种化学组分构成的固溶体或化合物形式的材料或物质。这样的组合产生的物质兼有各种成分的特性。黄铜是铜和锌的合金，延展性比铜和锌更好。它还具有更好的声效，适合制造乐器，比如小号和大号。铁坚硬但很脆，添加碳使其特性更多样。有一些材料需同时具备单种金属不具备的多种特点。比如，制造飞机的合金材料需要在高温情况下耐压。这些合金可能会包含10多种不同元素才能达到预期的效果。

铋是第15族中唯一的金属元素。这种粉色的金属不是一种好的导体。许多科学家质疑为何铋算是一种金属或准金属。钋是第16族中的一种放射性金属，在自然界中十分少见。

历史沿革

铝

铝是1807年由英国科学家汉弗里·戴维（1778—1829）发现的。不过，他并不能提供元素样本。直到1825年，丹麦化学家汉斯·克海斯提安·奥斯特（1777—1851）才制成少量该元素。19世纪50年代，提炼铝的技术有了提高，但仍然供不应求，因此，这一阶段，铝比金都贵。法国皇帝拿破仑三世在国宴上使用铝制刀具，铝的矜贵可见一斑。1886年，大规模量产铝的方法出现了，即霍尔赫劳尔特电解炼铝法。当强电流导入一池熔化的冰晶石中，氧化铝会溶解，池底留下了熔化的铝。这一方法由法国冶金学家保罗·埃鲁（1863—1914）和美国化学家查尔斯·马丁·霍尔（1863—1914）各自独立发现。这种方法可以以低廉的价格制造铝，直到今天大多数铝仍是这样冶炼的。

开采铝矿石。铝已经成为现代工业文明中常见的金属。然而，它曾被视为一种稀有的金属，并且价格高昂。

6 非金属

非金属是第17族（卤素）、第18族（稀有气体）元素，和以下这些元素，依照原子序数递增顺序如下：氢、碳、氮、氧、磷、硫和硒。

在元素周期表中，非金属比金属少得多。然而，就地球的物质储量而言，非金属远比金属多。地球的大气层完全是由非金属组成的，主要是氮和氧，还有少量的其他气体。氧与其他元素组合在一起就占了近一半的地壳成分。非金属，尤其是碳，对有机生命体而言是至关重要的，使其生存、呼吸并生长。没有非金属，就没有人类存在。

非金属无处不在。它们组成了海底的岩石、海洋中的水体、潜水者的氧气瓶中的氧气、浮到水面上的二氧化碳气泡以及潜水者身体绝大部分成分。

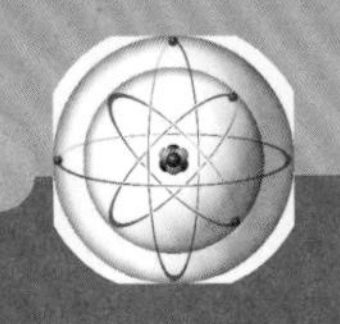

					2 He 氦 4.002602(2)
1 H 氢 1.00794(7)	6 C 碳 12.0107(8)	7 N 氮 14.0067(2)	8 O 氧 15.9994(3)	9 F 氟 18.9984032(5)	10 Ne 氖 20.1797(6)
		15 P 磷 30.973761(2)	16 S 硫 32.065(5)	17 Cl 氯 35.453(2)	18 Ar 氩 39.948(1)
			34 Se 硒 78.96(3)	35 Br 溴 79.904(1)	36 Kr 氪 83.798(2)
				53 I 碘 126.90447(3)	54 Xe 氙 131.293(6)
				85 At 砹 209.99	84 Rn 氡 222.02

▲ 非金属组成了元素周期表右上方的部分。它们中的大多数是气体，但有一些是固体。氢通常位于左面第1族元素的上方。

物理属性

非金属有一系列物理属性。在常温常压下，大多数非金属是气体，有一些是固体，溴是液体。和金属不同，大多数非金属导热和导电性能不佳。它们的熔点普遍比金属要低。固体非金属比较脆，并且表面没有金属的光泽。

化学属性

几乎所有的非金属原子外层电子壳层都有许多电子。稀有气体的外层电子壳层是饱和的。因此，稀有气体的原子是稳定的。它们不会轻易与其他元素共享电子。其他非金属的外层电子至少是半饱和（或）接近饱和。大多数情况下，非金属接受其他元素的电子或与其他元素共享电子形成化合物。增加或共享电子使外层电子完全饱和，比部分饱和的外层电子壳层更加稳定。非金属经常接受金属原子的电子，形成化学键坚固的离子化合物。另有一些非金属与其他元素共享电子，形成共价化学键。

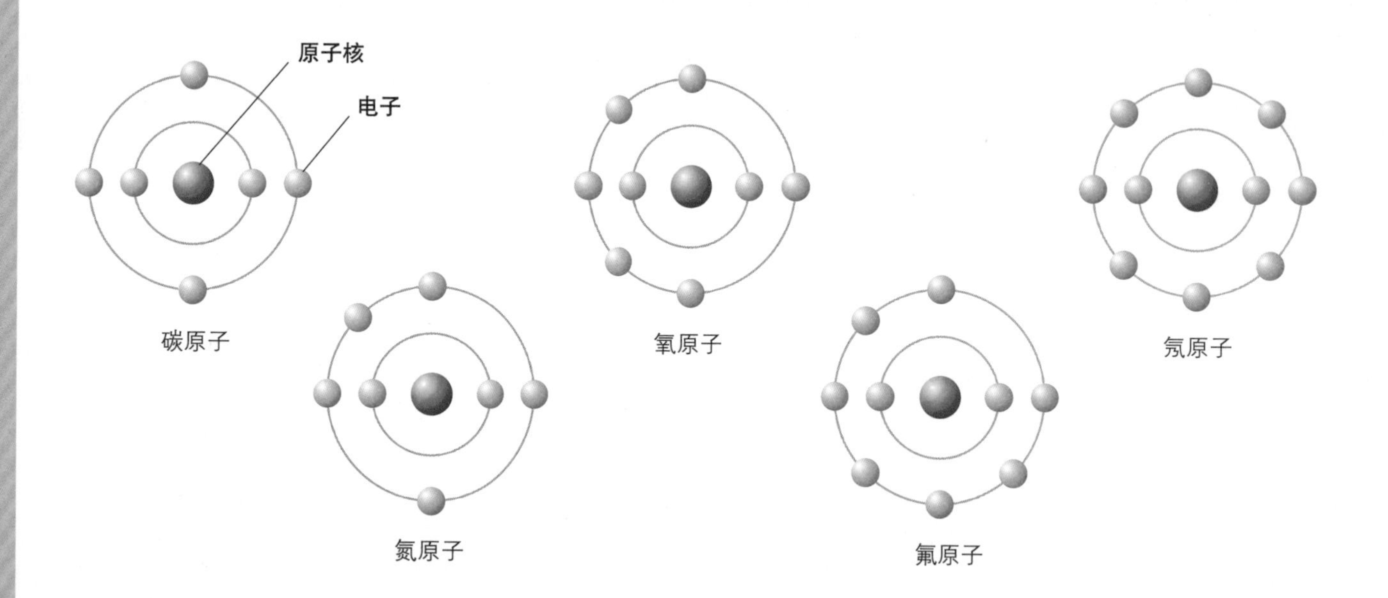

▲ 非金属原子外层电子壳层从半满（碳）到全满（氖）的示意图。非金属原子通过与其他非金属原子共用电子或从其他原子中获得电子来形成多种化合物。只有氖原子的外层电子壳层是全满的，它不会发生化学反应。

氢

氢是宇宙中最常见的元素。它在非金属中是独一无二的。这种无色无味的气体原子比较小。它每个原子的外层电子只有一个。在与其他元素发生化学反应时，氢原子倾向于失去电子。这一特性使它更像金属。因此，氢在元素周期表中通常被放在左侧第1族金属元素的上方。和其他气体非金属一样，氢以双原子结构的分子（两个原子组成的单一化学键）存在于自然界。

氢气易燃。20世纪早期，这种气体曾用于飞艇。然而，事故频发，充氢飞艇就停用了。如今，氢被用来制造一系列化学物质，比如氨和酸，被用来生产人造奶油，或用作燃料。

▼ 氢是最轻的元素，能让飞艇飘浮，但它极其易燃。1937年，德国飞艇“海森伯格”号爆炸，36人死亡。氦气比氢气要安全得多。

非金属固体

在常规条件下，有三种非金属是固体。它们是碳（第14族）、磷（第15族）和硫（第16族）。这三种元素拥有不同的结构，被称为同素异形体。同时存在固体、液体或气体等两种或多种形态的同一物质被称为同素异形体。

碳有几种固体形态，包括石墨和金刚石。每一种同素异形体都包含常规的碳原子排列方式。在金刚石中，这种晶体结构非常稳定。于是，金刚石是自然界中已知最坚硬的物质。因此，金刚石是有效的切割工具。作为宝石时，它们价格不菲。

▶ 世界上最昂贵的同素异形体是光彩夺目的钻石形式的碳。

化学在行动

有机化学

碳原子可以和其他的碳原子形成化学键。如果有其他元素加入碳原子，可以形成各种各样的化合物。比如，烃是碳和氢形成的。烃是产值数十亿的、涵盖从油漆到石油的化工产业的基础形态。更复杂的碳的化合物，比如碳水化合物和蛋白质，是每一个有机生命体的基石。事实上，人体约18%的重量是由碳元素组成的。对这些碳化合物进行研究的科学称为有机化学。

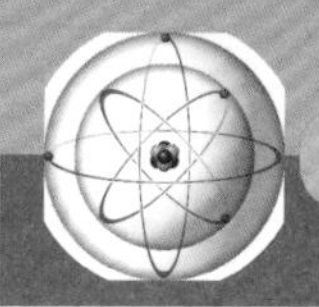

▲ 火柴包括了两种非金属元素——硫和磷。硫是火柴头。磷是涂在火柴盒边上的涂层。划火柴的时候，磷获得能量，将火柴头上的硫和其他化学物质引燃。

关键词

- **同素异形体：** 由同种元素组成的结构不同的单质。
- **润滑剂：** 一种使物体表面光滑易于相互滑动的物质。
- **臭氧：** 氧气的同素异形体，化学式为O_3，淡蓝色气体，有刺激性气味，剧毒，易爆。
- **光合作用：** 植物利用太阳光将二氧化碳和水转化为养料的一种化学反应过程。

相比之下，石墨晶体形成了一层一层的结构，这些层之间可以很容易地相互移动，由于石墨晶体的滑动性，它有时候被用作润滑剂。石墨也可以与黏土混合，用作铅笔中的“铅”。它也是唯一的非金属导体。

磷的两种非常重要的同素异形体是白磷和红磷。还有一种黑磷，但仅存于高压条件下。和碳相似，磷的同素异形体结构也各不相同。白磷是反应性最强的。蜡状的白磷要储存在油或水中，以防止它和空气中的氧发生反应。在军事行动中，白磷可用于制作烟幕。红磷比白磷稳定得多。它可用于制作安全火柴和烟火。和碳一样，磷也是一种组成有机生命体的重要元素，尤其是在骨骼和牙齿中，同时还是植物光合作用不可或缺的元素。光合作用是植物将二氧化碳和水合成养料的过程。

▼ 像这些被连根拔起的花生一样的植物需要磷和氮才能生长。花生的根部有结节，里面有根瘤菌，可以将氮转化为植物能吸收的形态。

硫是地壳中重要的组成元素。它经常可见于一些与有用的金属混合而成的矿石中。温泉和火山也是纯净的硫常见的地下储藏处。

硫元素（纯净的硫，未经混合的状态）常见的是浅黄色的晶体。硫是化学

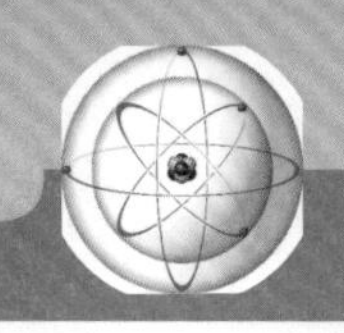

化学在行动

臭烘烘的硫

纯净的硫是无味的，这种元素有形成一些极其刺激性化合物的倾向。为人熟知的是硫化氢（H_2S）气体，有臭鸡蛋味。被细菌污染的井水里会产生硫化氢，能发出这种味道。油井、火山和温泉等，也常常释放出这种气体。很多学生可能也很了解硫化氢，因为它是臭气弹的主要成分。

硫存在于很多有机化合物中，尤其是被称为硫醇或甲硫醇的物质。硫醇的气味主要来自大蒜、煮熟的卷心菜和腐烂的肉。有些动物也发出这种气味，比如臭鼬，它会喷出硫醇来驱赶捕猎者。不过，硫醇也有好的一面，煤气公司会在无味的天然气中加一点点硫醇，当煤气泄漏时，人们容易发现。并不是所有的硫醇都难闻。有一些葡萄酒中的香味和葡萄柚的味道也是硫醇产生的。

工业中最重要的元素之一。大多数用来制造硫酸，其他可用来生产加工洗涤剂、橡胶、炸药、石油和其他重要的产品。

氮和氧

氮气和氧气是地球大气层中两种主要的气体。大气中78%是氮气，21%是氧气。化工行业所需的氮气和氧气大多数是从空气中提取的。在室温下，氮气是无色、无味、不发生化学反应的气体，趋向于组成双原子分子。它应用广泛，从制造氨和硝酸到生产染料、炸药、化肥。液态氮在不少行业中用作制冷剂，能使医学样

▲ 任何人试图靠近臭鼬时，它都会大放臭气，尤其当它尾巴翘起来喷时，味道更大。这种含有硫的臭气味道很浓烈，一点点就能让捕猎者或者靠近它的人闻而却步。

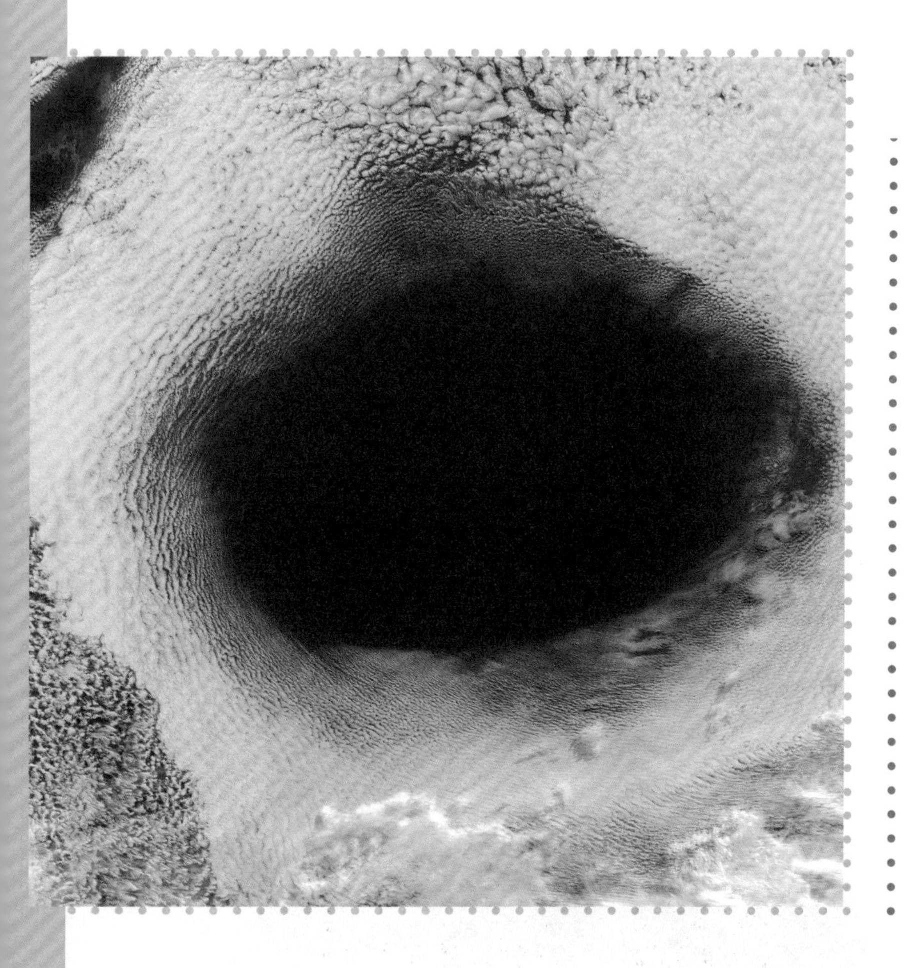

▲ 南极上方的臭氧洞。

近距离观察

双原子分子

双原子分子是由两个非金属原子组成的分子，由相同或不同的元素的原子共享电子组成。在自然界中，有7种非金属是以双原子分子的形式存在。这些非金属是氢气（H_2）、氮气（N_2）、氧气（O_2）、氟气（F_2）、氯气（Cl_2）、溴（Br_2）和碘（I_2）。地球的大气层几乎涵盖了所有的双原子分子形式的氧和氮。其他的双原子分子结构见一氧化碳（CO）、氟化氢（HF）和一氧化氮（NO）。

本处于冷冻状态。

和许多非金属一样，氮也是有机生命体的重要组成部分。人体的很多分子结构中包含碳原子。人体含氮是由于人类食用植物，植物转化和吸收土壤中的氮。氮进入土壤的一种途径是在雷暴雨时，闪电使空气中的氮原子和氧原子发生反应，形成二氧化氮，然后经雨水冲刷，使它们进入土壤。土壤中的细菌也能将大气中的氮转化为氮的化合物，称为硝酸盐，被植物吸收。

在自然界中，氮气和氧气通常是双原子分子。氧气还存在臭氧分子结构（O_3），是由三个氧原子组成的。和氮气一样，氧气也是看不见的无色气体。很多物质放置在外，会与空气中的氧发生反应。简言之，燃烧就是在空气中加热一种物质，使其与空气中的氧发生反应。

氧气可以液态方式储存，主要用于钢铁制造行业。液氧也可用作火箭的燃料。在自然界，氧气对动物是至关重要的，因为它们需要氧气来呼吸。植物通过光合作用来制造氧气。

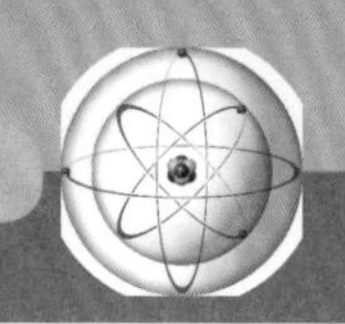

卤素

卤素组成了元素周期表的第17族元素。在常温下，卤素的物理属性各不相同，从固态的碘到液态的溴，再到气态的氟和氯。化学属性是典型的非金属特点。卤素通常从其他元素的原子中拿走一个电子，化学反应性强，氟是所有元素中反应

历史沿革

▲ 卡尔·威廉·席勒首先发现加热氧化物会释放一种气体。

▲ 安托万–洛朗·拉瓦锡建立了氧气与燃烧之间的关键性联系。

▲ 约瑟夫·普里斯特利的工作为拉瓦锡的实验提供了基础。

谁发现了氧气

18世纪70年代早期，科学家们试图弄明白自燃的化学过程。在当时，许多人认为，物质含有燃素。当物质燃烧时，燃素就释放到空气中。燃素说也被用来解释动物是如何呼吸的，金属为何生锈。1772年，瑞典化学家卡尔·威廉·席勒（1742—1786）通过加热金属氧化物来进行燃烧实验，他注意到有无色气体释放出来。两年后，英国化学家约瑟夫·普里斯特利（1733—1804）也有相同的发现。普里斯特利和席勒都没有意识到，他们已经很接近真相了。但他们把真相留给了法国化学家安托万–洛朗·拉瓦锡（1743—1794）。拉瓦锡也在法国巴黎做了燃烧实验。他确认燃素说是错误的。当听说普里斯特利的实验后，他意识到那种无色的气体对燃烧起了作用。拉瓦锡注意到，这种气体可与多种物质组成酸性化合物。他把它命名为“氧气”，这是从希腊语“产酸剂”一词而来的。最终，这成了拉瓦锡一个人的成就。席勒和普里斯特利所做的贡献多年来被忽视了。

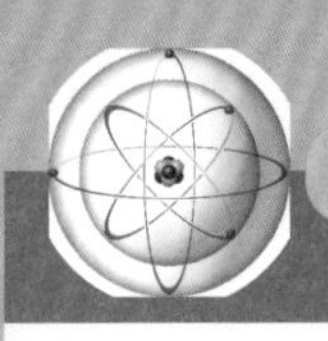

▲ 游泳池里常将氯或者氯化物作为杀菌剂，来杀灭水中潜伏的细菌。

性最强的。例如，卤素很容易与碱金属反应形成离子化合物。碱金属原子给卤素原子一个电子，就能形成稳定的离子化合物。普通的实验（氯化钠）可能是大家最熟悉的例证。它的化学分子式是NaCl。

卤素用途广泛。有时候氯可以加进游泳池，杀灭水中有害的细菌。氟常见于牙膏和饮用水中，被认为有助于强健牙齿和骨骼。碘是一种深紫色的固体，是人类饮食中不可或缺的营养素。它也常用作温和的防腐剂，能抑制皮肤中有害细菌的滋生。

稀有气体

稀有气体组成了元素周期表的第18族元素。在常温下，这组元素都是气体，它们的沸点都比较低。每种稀有气体的外层电子都是饱和的。稀有气体的原子是稳

化学在行动

硒

硒是元素周期表第16族的第3个非金属元素。在自然界中，硒元素总是与硫和金属（比如铜和铅）混合在一起。作为一种纯净的元素，硒仅存于它的同素异形体之中。有的情况下，硒是一种红色的粉末，或者是黑色玻璃状的固体。硒也能以红色结晶的形态存在。硒最常见的同素异形体看上去像灰色的金属状固体。由于它的外观像金属，有些化学家认为这种元素属于准金属。在不同的情形下，准金属兼有金属和非金属的双重特性。

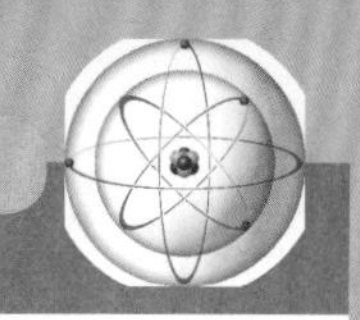

定的，不与其他元素发生反应。

稀有气体曾经叫作惰性气体。“惰性”一词意味着完全不发生反应。这就表明这种气体与任何其他物质都不发生反应。不过，在实验室条件下，氙能与氟发生反应。如今，“稀有”是用来称呼第18族气体的通用术语。

稀有气体有很多重要的应用。氦气是无色无味的气体。由于它不发生反应且比空气轻，比氢气安全，因此它是充热气球和飞艇的理想气体。科学家们对液态氦也很感兴趣，因为它有一些不同寻常的特性。它不会沸腾，降低温度也不能使它变成固体。在极低的温度下，它甚至会违抗重力，沿容器四壁向上攀爬。

霓虹灯是稀有气体的一项有价值的应用。氖气通常用于制作颜色鲜亮的灯，而氙和氪做的灯也很受欢迎。氙气、氪气和氩气在生活中的应用日益广泛。氙气也能充在频闪装置的闪光管里。越来越多的照相机闪光灯里充氪气。在焊接时，经常用氩气来防止金属氧化。

▼ 灯泡里充的气体使它们在点亮时能发光。这其中的气体有许多是稀有气体，比如氖、氪或氙。也有不少类型的灯泡用的是卤素，比如车头灯和雾灯，它们能发出耀眼的白光。

7 准金属

有些元素看上去像金属，但它们很脆，导热性和导电性都不佳。这些元素被称为准金属，在元素周期表中位于金属和非金属之间。

可以想象在第13、第14和第15族元素之间画一条斜线，正好将金属和非金属隔开来。在斜线左侧的是金属，在右侧的是非金属。组成这条斜线的是硼（原子序数5）、硅（原子序数14）、锗（原子序数32）、砷（原子序数33）、锑（原子序数51）和碲（原子序数52）。这些元素被称作准金属或半金属。

这块电路板上的灰色长方形大组件是由准金属硅制成的，称为硅片。硅和其他的准金属，如锗和砷，是电子行业重要的原材料。

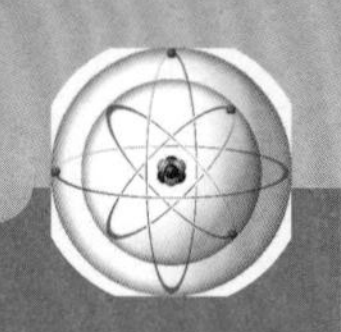

一般属性

准金属有一些金属的特性，也有一些非金属的特性。因此，它们的特征庞杂。比如，一片砷的表面看上去像金属一样亮闪闪的。然而，和大多数金属不一样，它没那么坚硬。砷易碎，很容易折断。真正的金属很少与别的金属反应形成化合物。砷很容易和别的金属形成化合物。比如，砷黄铁矿是由铁、砷和硫组成的化合物，化学分子式FeAsS。砷黄铁矿是自然界中最常见的含砷的矿石。

▼ 准金属（蓝色格子）在元素表中形成一条斜线，将金属（橘色）和非金属（绿色）区分开来。

5 B 硼 10.811(7)	6 C 碳 12.0107(8)	7 N 氮 14.0067(2)	8 O 氧 15.9994(3)
13 Al 铝 26.981538(2)	14 Si 硅 28.0855(3)	15 P 磷 30.973761(2)	16 S 硫 32.065(5)
31 Ga 镓 69.723(1)	32 Ge 锗 72.64(1)	33 As 砷 74.92160(2)	34 Se 硒 78.96(3)
49 In 铟 114.818(3)	50 Sn 锡 118.710(7)	51 Sb 锑 121.760(1)	52 Te 碲 127.60(3)

有一些准金属既是电导体也是绝缘体。有些情况下，它们会导电，有些情况则不然。有这种特征的物质被称为半导体，硼、锗和硅是非常重要的半导体。

硼

硼是元素周期表第13族元素之首。通常认为，硼是由1808年法国化学家约瑟夫·路易·盖-吕萨克（1778—1850）和路易·雅克·泰纳尔（1777—1857）发现的。同一年，英国化学家汉弗里·戴维也独立发现了硼。硼是黑色、易碎、有光泽的固体。它非常坚硬，因此它可以添加进钢和其他的合金中，使它们变得更为坚硬。硼及其化合物有广泛的用途。硼酸和硼砂是重要的硼化合物。硼砂是一种温和的防腐剂，可以阻止皮肤中有害细菌的滋生。硼砂在工业生产中广泛应用，比如，皮革鞣制和玻璃制造。硼也是植物所需的重要微量元素。

锗

在元素周期表的发展历史上，锗（第14族）的发现是一个重要事件。1869年，当门捷列夫根据原子量画出周期表时，他

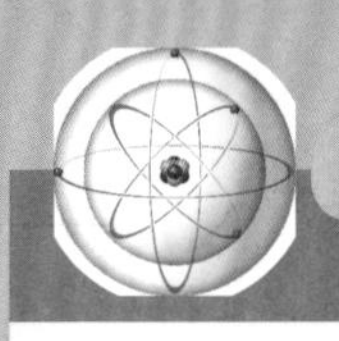

在表中留了空白。他提出，这些空白将由当时尚未被化学家发现的新元素来填补。他还预测了新元素确切的化学属性。

1886年，德国化学家克莱门斯·温克勒（1838—1904）发现了一种新元素，并将其命名为锗。这一发现与门捷列夫对此类元素的预测相吻合，门捷列夫称之为硅下元素，它在元素周期表中位于硅的下方。

和所有的准金属一样，锗也是易碎的固体，表面有光泽。和硼、硅类似，它在电子行业中用于制造半导体。它还被用于制造照相机的玻璃镜头和显微镜。

硅

硅在元素周期表第14族，位于碳的下方。约30 %的地壳中含有硅。纯净的硅是坚硬的灰色固体，表面有光泽。不过，在自然界中，硅是以氧化物的形态存在，也就是二氧化硅。在地壳中，二氧化硅是储量最丰富的非金属化合物。二氧化硅以多种形态存在，但最常见的是石英。通常，黏土中含有二氧化硅，在许多地方它也是沙子的主要成分。沙子是由很多细小的石英微粒组成的，是一种重要的建筑材料。将石英加热、塑形，可以制造玻璃。

▼ 玻利维亚的一个湖中的白色部分是硼砂矿床。硼砂是准金属硼的主要来源。

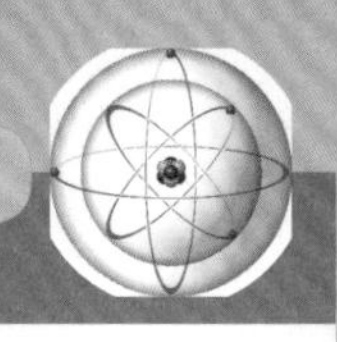

◀ 黄晶是一种黄色的石英（二氧化硅）。石英有几种不同的形态，比如紫水晶（紫色）和玫瑰晶（粉色）。

硅酮是另一组很有价值的硅产品。润滑剂、油漆、黏合剂、化妆品都是由硅酮制造的。

硅片

迄今为止，硅最重要的作用是在半导体行业的应用。硅可以用来制造很多

化学在行动

半导体

金属原子的外层电子并不与原子核紧密连接。它们可以自由游离出来。电子的移动产生电流，因此，金属是优良的导体。相比之下，非金属原子的电子与原子核紧密连接。电子不能自由移动，非金属是绝缘体。

纯净的硅在低温状态下是绝缘体。硅原子的电子通常与相邻的硅原子组成化学键。然而，当温度上升时，电子从化学键中脱离开来。这些电子在硅中自由移动，电流可以通过。因此，硅被称为半导体。

硅中加入其他少量的物质，比如磷和硼，可以形成更好的导体，这一过程叫作掺杂。尽管硅在某些合适的条件下可以导电，但它的导电性能与金属无法相提并论。

▲ 这些圆形硅晶是用于制造硅片的。利用硅的半导体特质，硅片可包含成千上万的微小的电子原件。

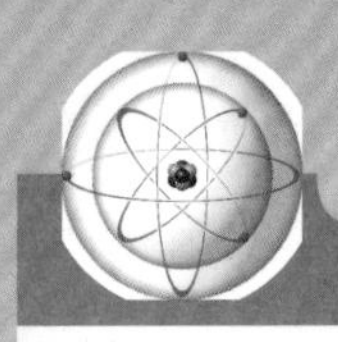

历史沿革

准金属杀手

早在古罗马时代，砷的毒性就为人所知。在古代，砷经常用作毒杀人的工具，这是由于它无色无味，而且砷中毒的症状和食物中毒很近似。受害者会经历剧烈的腹部痉挛、呕吐、腹泻，如果剂量足够大，还会致死。纵观历史，很多知名的杀手选择了砷。在中世纪，意大利波吉亚家族成员以给政敌下毒而臭名昭著。19世纪，英国连环杀手玛丽·安·科顿在茶杯里放砷，毒杀了21个人，包括她的丈夫和好几个孩子。1830年，英国化学家詹姆斯·马什发明了检测砷的方法，使得科学家可以判断是否有人使用砷令被害者中毒。该项发明令投砷的谋杀手段不再流行了。

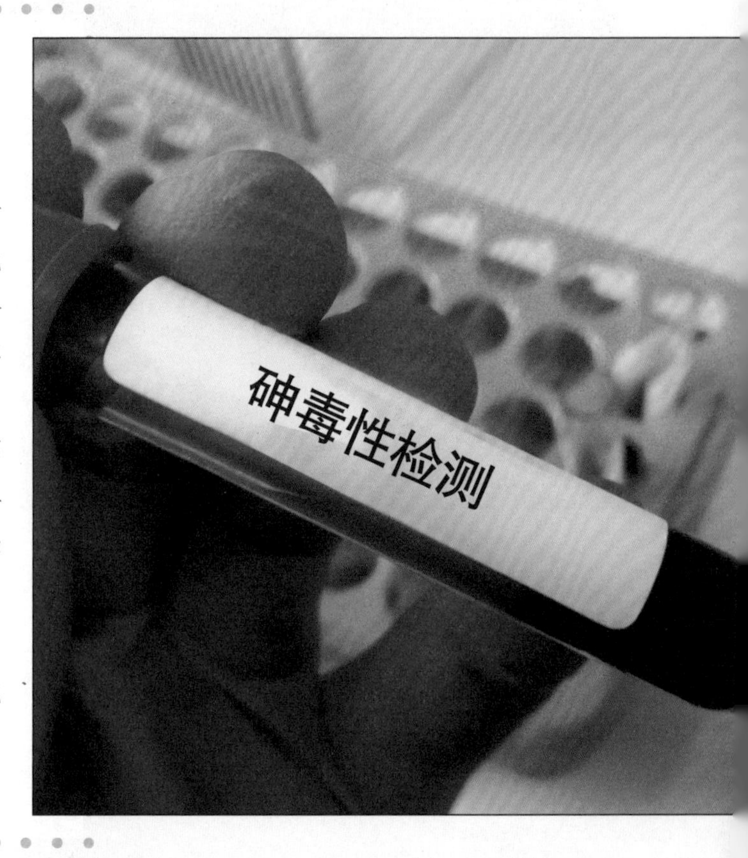

▲ 砷有毒，不像以前那样随手可以取得。如今，砷用于在电子行业中制造半导体。一种名为三氧化二砷的化合物则被用来治疗白血病。

电子器件。极薄的片状硅，称为硅片，是计算机的组成部分。硅片包含微小的电路控制微处理器，也就是计算机的大脑。

第一代计算机是一个占据整个房间的庞然大物。在当时，它们看起来挺厉害。一台早期计算机能完成的工作，如今一个拿在手里的计算器就能完成。硅片令电子行业发生了革命性的变化。硅片是从单个硅晶体切割而来。数百万的小部件称为晶体管，用激光蚀刻在硅上。由此，芯

关键词

- **防腐剂**：一种可以杀灭或阻碍有害细菌滋生的添加剂。
- **导体**：热量和电流可以在其中自由流动的物质。
- **绝缘体**：热量和电流不能在其中传导的物质。
- **微处理器**：包含着能令计算机运行的集成电路的一小片硅片。微处理器被称为计算机的“大脑”。
- **半导体**：只能在特定条件下传导热量和电流的材料。

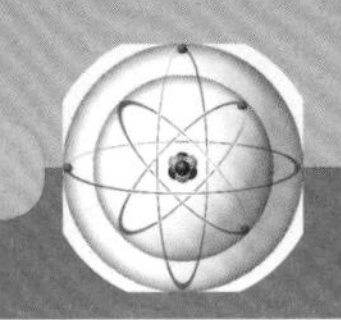

历史沿革

碲

碲在元素周期表的发展历史中有着特殊的地位。1860年左右，法国地质学家贝吉耶·德·尚古尔多阿（1820—1886）将已知元素排列在圆柱形螺旋结构上。他是根据元素的原子量来排列的。德·尚古尔多阿把这种排列法称为“碲（地）螺旋”，因为碲元素正好位于螺旋的正中间。碲是一种稀有的银色准金属，表面像金属一样有光泽，但它非常脆。碲被添加进合金中，以增强合金的强度和耐用性。

▶ 一种碲的化合物被用于太阳能电池板中的活性电池。从这些太阳能电池板中可以获得足够的能量，为各种电子设备供电。

片可以控制电子设备，经常被称为集成电路，因为它在一片硅上集中了所有的电子元件。

锑

锑在辉锑矿中最为常见。古时候，锑就为人所知，它被添加在化妆品和药品中。至少从17世纪开始，锑已经被认为是一种准金属，锑和它的很多化合物有剧毒。它在工业上有着广泛的应用，比如制造半导体、制造合金增加强度、制造搪瓷等。它还可以用于制造铅合金和铅电池。

8 宇宙特殊元素

▲ 海滩上的黑色沙子是由独居石组成的，这种矿物富含镧系元素和锕系元素。

元素周期表主表下方的第一行为镧系金属（镧至镥）；第二行为锕系金属（锕至铹）。

57 La 镧 138.9055(2)	58 Ce 铈 140.116(1)	59 Pr 镨 140.90765(2)	60 Nd 钕 144.24(3)	61 Pm 钷 144.91	62 Sm 钐 150.36(3)	63 Eu 铕 151.964(1)	64 Gd 钆 157.25(3)	65 Tb 铽 158.92534(2)	66 Dy 镝 162.500(1)	67 Ho 钬 164.93032(2)	68 Er 铒 167.259(3)	69 Tm 铥 168.93421(2)	70 Yb 镱 173.04(3)	71 Lu 镥 174.967(1)
89 Ac 锕 227.03	90 Th 钍 232.0381(1)	91 Pa 镤 231.03588(2)	92 U 铀 238.02891(3)	93 Np 镎 237.05	94 Pu 钚 244.06	95 Am 镅 243.06	96 Cm 锔 247.07	97 Bk 锫 247.07	98 Cf 锎 251.08	99 Es 锿 252.08	100 Fm 镄 257.10	101 Md 钔 258.10	102 No 锘 259.10	103 Lr 铹 260.11

▲ 镧系元素和锕系元素位于元素周期表的底部，是一个独立的板块。

看一看本书的元素周期表。第6周期的元素，从铯（原子序数55）开始，然后是钡（原子序数56），原子序数跳到了铪（原子序数72），然后继续这一序列，直到这一行末尾的氡（原子序数86）。第7周期元素也有类似的情况。在钫（原子序数87）和镭（原子序数88）以后，原子序数跳到𬬻（原子序数104），然后继续，直到这行末尾的原子序数118的元素。

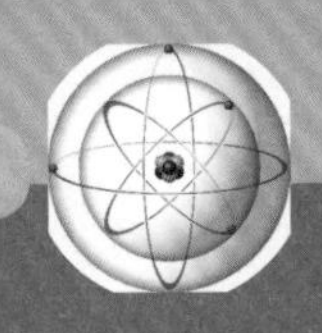

这中间缺失的元素镧（原子序数57）到镥（原子序数71）以及锕（原子序数89）到铹（原子序数103）出现在元素周期表下方，成为独立的两行。第一行元素称为镧系元素，第二行元素称为锕系元素。

物理特性

镧系元素和锕系元素有许多共同的特性，因此，经常很难将它们区别开来。它们都是银白色至灰色的固体，表面都有光泽，但它们在空气中会失去光泽。由于它们很容易与空气中的氧发生化学反应，因此颜色会黯淡。氧气与金属合成的化合物称为金属氧化物。它们是金属表面覆盖的薄薄一层。和大多数金属一样，它们也是优良的导体。

在自然界中，许多镧系元素和锕系元素和其他元素混合成岩石和矿物。矿物中包含有价值的元素成分，称为矿石。由于镧系元素和锕系元素的化学特性比较相似，它们一起出现，很难区分开。独居石混合着好几种镧系元素和锕系元素，还含有磷元素、氧元素。此外，镧系元素和锕系元素还经常和非金属混合在一起。原子失去三个外层电子和非金属原子形成化学键。在有些情况下，原子可能失去两个或四个外层电子，形成不同特质的化合物。

▲ 这张20世纪30年代的海报在宣传一款面霜，其中含有钍——一种放射性元素。面霜中还有另一种放射性元素镭。这两种元素曾经都被认为是有益健康的。

镧系元素

镧系元素并不像化学家们起初认为的那么少。有些镧系元素比有些金属（如铂或铅）还常见。只有钷必须人工制造。

镧系金属是相对柔软的金属，但沿着周期表从左至右，随着原子序数的增加，硬度也有所增加。镧系金属的熔点、沸点高，化学反应性非常强。它们很容易与大多数非金属发生反应。一般而言，发生化学反应时，它们失去三个外层电子与非金属原子形成化学键。它们与水和弱酸也会发生反应，在空气中很容易燃烧。

镧系金属和它们的化合物用途广泛。其中有一些可用于石油工业，是加速化学反应的有效催化剂。还有一些可用于制造激光灯和荧光灯。它们还可以用来生产电

▲ 钚颗粒具有放射性。钚是铀衰变过程中形成的一部分物质。钚可用作太空探测的燃料，在核电站中也有应用。即使是微量，也有剧毒，很危险。

关键词

- **放射能：** 一个原子的原子核分裂时释放的能量。
- **超铀元素：** 原子序数大于92的元素。

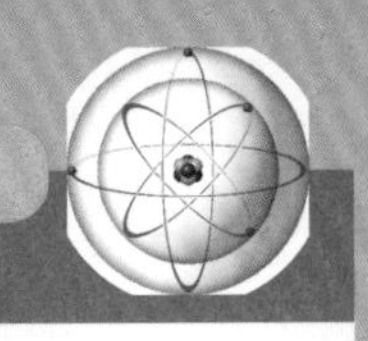

视机荧光屏涂层。有一些镧系金属还可以和其他金属混合，形成合金。镧系金属添加进合金，能增强最终合金成品的牢固度。有一些镧系金属具有磁性，在极端低气温的条件下，当别的磁性元素无法奏效时，它们可以发挥作用。

锕系元素

锕系元素是高密度的放射性元素。经过一段时间，它们会衰变，成为别的元素的原子。其中有些非常不稳定，只能与别的元素形成化合物以增加其稳定性。和大多数金属一样，锕系元素能与弱酸发生反应，并释放氧气。将锕系元素放进沸水，它们也会释放出气体。锕系元素很容易与空气中的氧发生反应，在表面形成一层薄薄的金属氧化物，使金属失去光泽。

铀是最常见的锕系元素，在全世界分布广泛。它们通常以氧化物的形态存在，即二氧化铀（UO_2）。作为储量最丰富的放射性元素，铀被开采并应用于核工业。有些铀也被用来制造能发出黄绿色光的玻璃。钍在世界各地许多地方的独居石矿中出现，有的甚至比铀还常见。钍主要用来制造煤气灯罩子，也可以用作生产硝酸和硫酸的催化剂，在石油工业中也有应用。钍也是一种有潜能的核燃料。其他的锕系元素作用有限。钚可用于制造心脏起搏器，在核工业中也有应用。镅可用于烟雾探测器。

制造锕系元素

锕系元素中只有六种在自然界中微量存在，它们是锕、钍、镤、铀、镎、钚。原子序数大于92（铀）的锕系元素是超铀元素。除镎和钚之外的其他超铀元素都在实验室中由人工合成。

1940年，美国物理学家埃德温·麦克

▼ 埃德温·麦克米伦（1907—1991）是继锕系元素中的铀之后，发现镎元素的科学家之一。此发现，令他与格伦·西奥多·西博格共同获得了1951年的诺贝尔化学奖。

人物简介

格伦·西奥多·西博格

1912年4月19日，格伦·西奥多·西博格出生于密歇根州伊什珀明。年幼时，他随家迁往加利福尼亚州的洛杉矶。西博格在加利福尼亚大学洛杉矶分校（UCLA）学习。1934年毕业，获得化学学位。之后，他在加州大学伯克利分校继续深造。在那里，他师从当代顶尖科学家，包括化学家吉尔伯特·路易斯（1875—1946）。西博格在伯克利继续他的研究。最终，他成为化学教授。

第二次世界大战期间，他因对元素周期表的改进一举成名。除了钚，西博格还发现了元素镅、锔、锫、锎、锿、镄、钔和锘。为了表彰他对化学的贡献，西博格与埃德温·麦克米伦共同获得了1951年诺贝尔化学奖。1999年，他因中风并发症病逝。为了纪念他，𬭳（原子序数106）元素是以他的名字命名的。

▶ 格伦·西奥多·西博格教授是锕系元素领域活跃的研究者之一。

米伦（1907—1991）和菲力普·艾贝尔森（1913—2004）制造出了原子序数为93的元素。他们将它命名为镎。一年之后，美国化学家格伦·西奥多·西博格（1912—1999）和他的同事制造出原子序数为94的元素，命名为钚。1994年，更多的超铀元素被发现，西博格建议这些元素应当形成一个与镧系元素近似的组。他将这些元素称为锕系元素，并把镧系元素和锕系元素一起放在元素周期表的底部。西博格的这一调整，是对元素周期表的布局所进行的最后一次重要的改变。

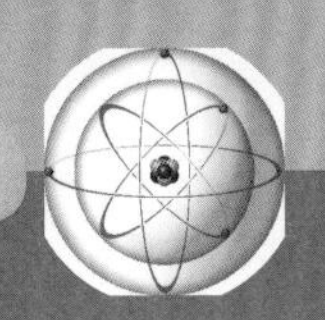

元素周期表的终结

20世纪70年代，寻找比镄更重的元素的工作在继续进行。大多数工作是在德国达姆施塔特、俄罗斯杜布纳和加州伯克利的实验室完成的，因为这些元素在自然界中不存在，需要人工制造出来。

制造一个新元素的关键是原子核中质子和中子比率的调配。如果比率不对，原子核就不稳定，原子就会分裂开来。自然界中最稳定的重金属是铅，有82个质子和126个中子。除了这个理想的比率，研究者们还预测了质子和中子的其他组合可能会产生新的超重元素。研究者们把一个重元素，比如镅或锔，与另一个中子较多的元素进行组合。这将引发一个聚变反应，开启一系列的衰变过程。分析由此过程形成的产品就能探测到新元素是否存在。元素铍（原子序数107）、镙（原子序数108）、䥑（原子序数109）、铋（原子序数110）和轮（原子序数111）就是用这样的方法发现的。

有的研究者声称，有证据显示，能通过这些实验造出来更多的新元素。不过，目前尚未有足够多的新元素来佐证这个说法。

理论化学家认为，原子序数的最大值（原子核可以包含的最大质子数）在118到120之间。不过，这种说法并不可信，不知化学家能否真正确认这么多的元素。科学法则并没有排除一个原子中包含210个质子的可能性，但这不符合原子核的稳定性要求。事实上，化学家们可能已经接近发现元素周期表中所有的元素了。他们认为，原子序数的最大值为120，这就意味着还有更多的元素有待被发现。

▲ 加州伯克利大学。创造新元素的科学研究大部分是在这里进行的。

元素周期表

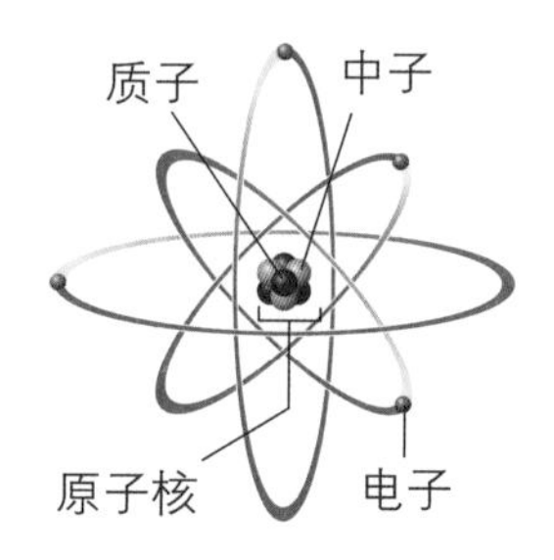

原子结构

元素周期表是根据原子的物理和化学性质将所有化学元素排列成一个简单的图表。元素按原子序数从1到118排列。原子序数是基于原子核中质子的数量。原子量是原子核中质子和中子的总质量。每个元素都有一个化学符号，是其名称的缩写。有一些是其拉丁名称的缩写，如钾就是拉丁名称

33 As 砷 74.92160(2)	
33	原子序数
As	元素符号
砷	元素名称
74.92160(2)	原子量

- 氢
- 碱金属
- 碱土金属
- 金属
- 镧系元素

	ⅠA	ⅡA	ⅢB	ⅣB	ⅤB	ⅥB	ⅦB	ⅧB	ⅧB
1	1 H 氢 1.00794(7)								
2	3 Li 锂 6.941(2)	4 Be 铍 9.012182(3)							
3	11 Na 钠 22.989770(2)	12 Mg 镁 24.3050(6)							
4	19 K 钾 39.0983(1)	20 Ca 钙 40.078(4)	21 Sc 钪 44.955910(8)	22 Ti 钛 47.867(1)	23 V 钒 50.9415	24 Cr 铬 51.9961(6)	25 Mn 锰 54.938049(9)	26 Fe 铁 55.845(2)	27 Co 钴 58.933200(9)
5	37 Rb 铷 85.4678(3)	38 Sr 锶 87.62(1)	39 Y 钇 88.90585(2)	40 Zr 锆 91.224(2)	41 Nb 铌 92.90638(2)	42 Mo 钼 95.94(2)	43 Tc 锝 97.907	44 Ru 钌 101.07(2)	45 Rh 铑 102.90550(2)
6	55 Cs 铯 132.90545(2)	56 Ba 钡 137.327(7)	57-71 La-Lu 镧系	72 Hf 铪 178.49(2)	73 Ta 钽 180.9479(1)	74 W 钨 183.84(1)	75 Re 铼 186.207(1)	76 Os 锇 190.23(3)	77 Ir 铱 192.217(3)
7	87 Fr 钫 223.02	88 Ra 镭 226.03	89-103 Ac-Lr 锕系	104 Rf 𬬻 261.11	105 Db 𬭊 262.11	106 Sg 𬭳 263.12	107 Bh 𬭛 264.12	108 Hs 𬭶 265.13	109 Mt 鿏 266.13

镧系元素	57 La 镧 138.9055(2)	58 Ce 铈 140.116(1)	59 Pr 镨 140.90765(2)	60 Nd 钕 144.24(3)	61 Pm 钷 144.91
锕系元素	89 Ac 锕 227.03	90 Th 钍 232.0381(1)	91 Pa 镤 231.03588(2)	92 U 铀 238.02891(3)	93 Np 镎 237.05

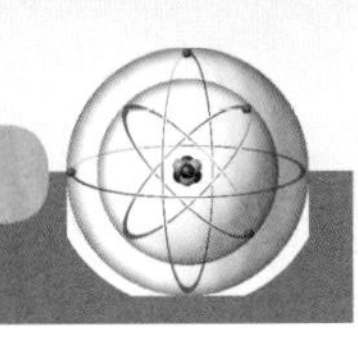

缩写。元素的全称在符号下方标出。元素框中的最后一项是原子量，是元素的平均原子量。

这些排列好的元素，科学家们将其垂直列称为族，水平行称为周期。

同一族中的元素其原子最外层中都具有相同数量的电子，并且具有相似的化学性质。周期表显示了随着原子内外层电子数量的增加逐渐变得稳定。当所有的电子层都被填满（第18族原子的所有电子层都被填满）时，将开始下一个周期。

- 锕系元素
- 稀有气体
- 非金属
- 类金属

ⅧB	ⅠB	ⅡB	ⅢA	ⅣA	ⅤA	ⅥA	ⅦA	ⅧA
								2 He 氦 4.002602(2)
			5 B 硼 10.811(7)	6 C 碳 12.0107(8)	7 N 氮 14.0067(2)	8 O 氧 15.9994(3)	9 F 氟 18.9984032(5)	10 Ne 氖 20.1797(6)
			13 Al 铝 26.981538(2)	14 Si 硅 28.0855(3)	15 P 磷 30.973761(2)	16 S 硫 32.065(5)	17 Cl 氯 35.453(2)	18 Ar 氩 39.948(1)
28 Ni 镍 58.6934(2)	29 Cu 铜 63.546(3)	30 Zn 锌 65.409(4)	31 Ga 镓 69.723(1)	32 Ge 锗 72.64(1)	33 As 砷 74.92160(2)	34 Se 硒 78.96(3)	35 Br 溴 79.904(1)	36 Kr 氪 83.798(2)
46 Pd 钯 106.42(1)	47 Ag 银 107.8682(2)	48 Cd 镉 112.411(8)	49 In 铟 114.818(3)	50 Sn 锡 118.710(7)	51 Sb 锑 121.760(1)	52 Te 碲 127.60(3)	53 I 碘 126.90447(3)	54 Xe 氙 131.293(6)
78 Pt 铂 195.078(2)	79 Au 金 196.96655(2)	80 Hg 汞 200.59(2)	81 Tl 铊 204.3833(2)	82 Pb 铅 207.2(1)	83 Bi 铋 208.98038(2)	84 Po 钋 208.98	85 At 砹 209.99	84 Rn 氡 222.02
110 Ds 鐽 (269)	111 Rg 轮 (272)	112 Cn 鎶 (277)	113 Uut * (278)	114 Fl 鈇 (289)	115 Uup * (288)	116 Lv 鉝 (289)		118 Uuo * (294)

62 Sm 钐 150.36(3)	63 Eu 铕 151.964(1)	64 Gd 钆 157.25(3)	65 Tb 铽 158.92534(2)	66 Dy 镝 162.500(1)	67 Ho 钬 164.93032(2)	68 Er 铒 167.259(3)	69 Tm 铥 168.93421(2)	70 Yb 镱 173.04(3)	71 Lu 镥 174.967(1)
94 Pu 钚 244.06	95 Am 镅 243.06	96 Cm 锔 247.07	97 Bk 锫 247.07	98 Cf 锎 251.08	99 Es 锿 252.08	100 Fm 镄 257.10	101 Md 钔 258.10	102 No 锘 259.10	103 Lr 铹 260.11